L'ÉLEVAGE DU TROTTEUR EN FRANCE

L'ÉLEVAGE DU TROTTEUR EN FRANCE

A ÉTÉ TIRÉ A 300 EXEMPLAIRES

TOUS NUMÉROTÉS A LA PRESSE

N°

PAUL GUILLEROT

L'Élevage du Trotteur en France

PEDIGREES, PERFORMANCES, RECORDS, PRODUCTIONS

DES ÉTALONS

APPARTENANT A L'ÉTAT ET AUX PARTICULIERS

« La question chevaline est d'une importance toute nationale ;
« elle intéresse à la fois l'agriculture, l'industrie et l'armée ; et la
« solution des difficultés qu'elle fait naître doit influer puissamment
« sur la prospérité du pays puisqu'il s'agit d'un des principaux
« éléments de sa richesse et de sa force. »

Général OUDINOT (1844).

PARIS
CHAMUEL, ÉDITEUR
5, RUE DE SAVOIE, 5
1896

PRÉFACE

Il est intéressant, à plus d'un titre, d'étudier l'évolution qui se produit dans l'élevage du demi-sang et la tendance générale des éleveurs à considérer l'étalon trotteur comme un puissant moyen d'amélioration.

L'emploi d'étalons qui ont fait preuve de qualité dans les courses au trot, c'est-à-dire à l'allure où le cheval est le plus généralement utilisé, donne des résultats absolument décisifs pour ceux qui veulent se livrer à l'élevage du demi-sang d'une manière raisonnée.

Les faits eux-mêmes se chargent de réfuter les théories souvent émises à la légère par certains détracteurs qui préconisent l'emploi de l'étalon de pur sang anglais ou arabe comme le type idéal du reproducteur.

Dans une race, les transformations, les modifications profondes, se produisent par des accouplements dus au hasard ou à l'intervention de l'homme. — Si on peut tout espérer du hasard, on ne doit compter que sur de rares particularités dépourvues de caractères fixes. Mais il en est tout autrement lorsque l'homme intervient avec de judicieuses méthodes basées sur de longues observations et qu'il sait utiliser les précieux éléments reproducteurs qui nous ont été légués par nos devanciers. Il serait puéril de perdre notre temps à reconstruire sans cesse la base d'un édifice que nous devons compléter.

Au début, c'est-à-dire au moment où la famille trotteuse a pris consistance, on a employé comme reproducteurs les sujets qui avaient « accidentellement » une aptitude spéciale pour le trot. L'expérience avait déjà démontré que certaines particularités étaient transmissibles et susceptibles d'amélioration. On avait observé, en outre, dans l'élevage du pur-sang que l'hérédité, cette « tradition organique », était d'autant plus certaine qu'elle était léguée par une longue suite d'ascendants possédant la spécialité que l'on cherchait à développer.

De bons esprits comprirent l'utilité des courses au trot et, vers 1836, elles furent organisées en France.

Depuis, elles eurent des partisans ; mais elles eurent aussi de zélés détracteurs qui les accusèrent, avec raison, de mal se prêter à la spéculation ; elles n'en sont pas moins un criterium certain de la qualité, de l'endurance et des aptitudes spéciales de reproducteurs qui doivent être employés à la « fabrication » de sujets qui seront utilisés au trot.

Le trotteur français par sa distinction — je veux parler des premiers sujets — sa taille, son étoffe, est apte à tous les services. Superbe à l'attelage, il se fait remarquer par ses actions hautes et faciles. Plus calme, plus utilisable que le pur sang, il est aussi brillant à la chasse que dans les rangs de l'armée. Par des sélections judicieuses, on peut modifier son type et, contrairement aux doctrines de certains maîtres dont le nom seul fait autorité, l'aptitude au trot ne semble pas tributaire d'une conformation spéciale. Il y a des trotteurs longs et harmonieux dans leurs lignes ; d'autres un peu courts avec des hanches plus ou moins inclinées.

La grande famille de pur sang, qui a toujours vivifié nos trotteurs lors de la formation de la race (car il faut bien reconnaître que tout animal perfectionné se rattache de près ou de loin au sang pur) possède elle aussi des types bien différents : Saxifrage et Bruce en sont des exemples.

Chez le trotteur comme chez le galopeur, la forme plastique peut se « pétrir », se modifier dans une certaine mesure ; mais il serait aussi téméraire d'aller au delà du degré de « malléabilité » de l'espèce, qu'il serait imprudent d'affirmer que l'alliance de deux courants de sang produira infailliblement un vainqueur.

Les accouplements ont leurs méthodes dont il ne faut pas vouloir déduire des règles immuables et des formules algébriques ; il sera toujours impossible de préciser la part prépondérante qui revient au père ou à la mère, facteurs du produit.

Si les anciennes familles de trotteurs ont comme caractéristique des dispositions spéciales, il y a aussi un influx nerveux indéfini et inexplicable.

La nature est une grande capricieuse, souvent aussi impénétrable que le sphinx antique : il faut accepter ses bizarreries sans vouloir les expliquer.

L'expérience prouve que des courants de sang se sont particulièrement bien « rencontrés » dans la race trotteuse. De nos jours, des filles de Niger, alliées à Cherbourg, ont donné d'excellents résultats ; Juvigny et Jolibois en sont des exemples.

Les filles de Phaëton avec Fuschia ont produit : Messagère, Nitouche, Hérode, Hetman, Osmonde, etc.

De l'étude des généalogies, des performances, des productions relatées dans ce livre, il se dégage des enseignements pratiques qui ont pour éloquence la sincérité des chiffres.

Dans le but de rendre ces documents plus faciles à consulter, les étalons trotteurs de grande marque ont été groupés sous la forme bien aride d'un dictionnaire généalogique ; la mise en ordre des notes recueillies dans les Annuaires de Courses au Trot et dans les journaux de sport, permettra d'analyser en quelques instants les éléments qui se sont particulièrement bien rencontrés dans l'origine des Tigris, des Phaëton, des Cherbourg, des Fuschia, etc. En toute connaissance de cause, on pourra juger de la valeur personnelle des étalons et de la façon dont ils se reproduisent, car les performances et les records de leur descendance ont été relatés avec soin.

Cet essai qui est le premier dans son genre motivera peut-être un Stud-Book de trotteurs où devront être enregistrés tous les sujets possédant plusieurs filiations de sang trotteur.

L'ouverture d'un semblable livre ne peut se faire que sous les auspices de l'administration des Haras, et il serait à souhaiter que les inscriptions en fussent sévèrement règlementées, sans toutefois frapper de déchéance les sujets qui contracteraient une alliance avec les chevaux de pur sang.

On ne saurait trop le répéter, les rameaux gigantesques de la famille trotteuse poussent sur de vieilles souches, tout imprégnées du sang de ces étalons de race pure qui s'appelèrent d'abord Rattler, The Juggler, puis ensuite Eylau, The Heir-of-Linne et Tipple-Cider. Saluons au passage ces illustrations chevalines et constatons l'action bienfaisante et décisive qu'elles exercèrent sur les générations ancestrales de nos trotteurs actuels, en leur donnant vitesse et endurance.

Mais cette nouvelle famille, par la spécialité et la fixité de ses caractères, est assez bien confirmée pour se reproduire par elle-même sans avoir recours à une nouvelle intrusion de sang pur.

Pour « fabriquer » des Juvigny, des Qui-Vive ! des Lance-à-Mort, des Michigan, des Narquois, etc., il faut choisir une jument bien conformée dans le sang trotteur et la livrer à un étalon de la même race, également confirmée.

Accumuler des générations de trotteurs, prendre des éléments qui ont la spécialité recherchée, est la voie la plus certaine. Les chances de « variabilité » seront considérablement diminuées en utilisant pour la reproduction des « multiplicateurs » ayant affirmé par des courses l'hérédité des aptitudes « dominatrices » de leurs ancêtres.

Par la consanguinité, c'est-à-dire par l'union de deux individus d'une parenté qualifiable, l'aptitude trotteuse sera élevée à sa plus haute puissance ; mais si la spécialité se développe, il y a multiplication des vices et des tares. Aussi, doit-on exclure de ces unions consanguines les reproducteurs tarés ou d'un mérite inférieur ; il est même prudent d'éliminer les sujets d'un tempérament lymphatique.

La consanguinité est une arme à deux tranchants, qui a donné d'excellents résultats entre collatéraux, descendant d'une individualité marquante. Dans cet ordre d'idées il suffit de citer :

Qui-Vive par Tigris et Phaëton (consanguinité sur The Heir-of-Linne) ; Michigan par Edimbourg et Beaugé (consanguinité sur Kapirat); Hérode et Hetman par Fuschia et Phaëton (consanguinité sur Élisa, mère de Conquérant); Neuilly par Fuschia et Beaugé (consanguinité sur Conquérant), etc.

Contrairement à la méthode de reproduction par « l'accumulation du sang trotteur » qui a donné des résultats probants en sa faveur, de nombreuses tentatives ont été faites en conjuguant un élément trotteur avec un élément de race pure, ou vice versa.

Cette opération, qui n'est autre que le croisement direct ou à l'envers, a donné :

Qui-Vive (le vieux), Phaéton, Upas, Hippomène, Moonlighter, etc. parmi les étalons. — De tels sujets se recommandent d'une façon toute spéciale par leur qualité, leur vitesse et leur endurance; aussi serait-il regrettable de ne pas les utiliser pour la reproduction, puisqu'ils ont montré une merveilleuse aptitude pour le trot et qu'un étalon comme Phaëton a remarquablement produit.

Mais, pour procréer une Capucine, une Ritournelle, une Rose-Thé, un Moonligter, des essais considérables ont été tentés ; des sacrifices énormes ont été consentis par les partisans du croisement à l'envers. Il est juste de reconnaître que les brillants sujets obtenus par cette méthode ont montré une qualité exceptionnelle. Pour justifier cette appréciation il suffit de citer encore les noms de : Petite-Chance, Duègne, Esther et Grande-Dame, du côté des pouliches ; et ceux d'Alcala et de Domino-Noir pour les étalons.

Les sujets trotteurs, issus du croisement avec le pur sang, manquent de fixité comme reproducteurs ; on a toujours à craindre le retour à l'aptitude galopeuse qui est la spécialité du cheval de pur sang.

Phaëton, comme la plupart des descendants du célèbre étalon de pur sang The Heir-of-Linne, échappe à cette règle et sa famille a une disposition prépondérante pour le trot.

Dans la race de pur sang anglais, qui remonte dans son ensemble à trois étalons orientaux, il existe certains sujets qui ont une affinité pour le demi-sang au point de vue des aptitudes trotteuses ; aussi importe-t-il de jeter un rapide coup d'œil sur cette grande famille, dont l'histoire est intimement liée à toutes les questions d'élevage.

Les principaux fondateurs de la race furent :

1° Godolphin Arabian.

2° Darley Arabian.

3° Byerly Turk.

Chacun d'eux a synthétisé sa production dans l'un de ses petits-fils.

1° Godolphin Arabian dans Trumpator (Noir-1782).

2° Darley Arabian dans Eclipse (Alezan-1764).

3° Byerly Turk dans Herod (Bai-1758).

Ces trois familles ont puissamment contribué à la création de la race trotteuse française dont Young-Rattler (Old Rattler et une fille de Snap), arrière-petit-fils de Darley Arabian, doit être considéré comme le fondateur.

Il résulte de l'examen des généalogies de nos meilleurs produits de demi-sang que, dans la lignée paternelle, on trouve :

1° Trumpator représenté par un seul descendant direct : Bagdad, père d'Hippomène.

2° Éclipse, à la descendance beaucoup plus nombreuse, qui compte parmi ses représentants : Royal-Quand-Même, — Tarrare, — Electrique, — Pédagogue, — The Heir-of-Linne, — Tonnerre-des-Indes, — Tipple Cider, — Brocardo, — Charlatan, etc.

3° Herod, au noble sang, arrive en bonne place avec : The Juggler, — Fitz Pantaloon, — Marcellus, — Invincible, — Dollar, — Napoléon, — Eylau, — Ion, — Gladiator, — Tamberlick, — Affidavit, — Vermouth, — Sylvio, — Eastham, — Basly, etc.

Dans les pedigrees des juments de pur sang qui ont produit des trotteurs, il faut remarquer que l'aïeule de Fuschia, Sympathie, est une descendante d'Eclipse par son père Pédagogue. A cette famille se rattachent Harriett et sa nombreuse descendance (Fortuna, Deuil, Duègne, Capucine, Jourdan, Loriot et Nitouche, v. p. 126 et 106); Jourdan et Capucine ont même par Tonnerre-des-Indes un double courant du sang d'Eclipse qui compte aussi parmi ses descendants : Pantomine, mère d'Upas et Ritournelle (Orphelin et Royal-Quand-Même) mère de Petite Chance.

De ces constatations, il est logique de déduire que, dans la lignée maternelle de la race trotteuse, c'est le sang d'Eclipse qui prédomine, uni très étroitement avec celui d'Herod par les The Juggler, Marcellus Eylau, Sylvio, etc...

Les reproducteurs qui possèdent le plus grand nombre de fois l'union des deux sangs d'Eclipse et d'Herod semblent donc tout particulièrement indiqués pour infuser du sang pur à la race trotteuse sans détruire l'harmonie de son allure.

The Heir-of-Linne, dont la famille a une aptitude pour le trot, possède dans son pedigree seize courants de sang d'Herod, treize d'Eclipse, un de Trumpator, un de Brownlow Turk et un de Holderness Turk.

Dollar (1) n'est pas moins bien doté puisqu'il compte dix-sept courants du sang d'Eclipse, douze d'Herod et deux de Trumpator. Cet étalon s'est affirmé au Haras comme un des plus remarquables chefs de famille qui aient encore existé, et sa descendance a une réelle aptitude pour le trot.

Je crois avoir établi, par ce rapide examen des tentatives faites par nos devanciers, que l'élevage du cheval est une science d'autant plus difficile à acquérir qu'elle ne saurait avoir de règles fixes.

Comme conclusion de cette étude, il est utile d'ajouter qu'au début, l'étalon trotteur fut considéré comme un reproducteur de chevaux de courses ; mais la pratique, ce vaste champ d'expériences, ne tarda pas à démontrer que le trotteur manquant de vitesse, inutilisable comme cheval de courses, devenait un cheval de service de premier ordre, possédant une endurance et une activité d'allure qui le rendent propre à tous nos besoins. Aussi, se produit-il dans tous les centres d'élevage de Normandie et de Vendée un mouvement considérable en faveur du trotteur. Les éleveurs sont convaincus qu'ils doivent avant tout produire le cheval de qualité sous un certain volume et qu'ils obtiendront ce résultat en infusant largement ce sang trotteur dans leurs jumenteries. Une sélection rationnelle des étalons s'impose ; les victoires sur le turf ne sont pas des

(1) Pedigree de Dollar, B. — 1.58. — 1860.

The Flying Dutchman (1846).	Bay Middleton . .	Sultan.	Selim.
			Bacchante.
		Cobweb	Phantom.
			Filagree.
	Barbelle	Sandbeck. . . .	Catton.
			Orvillina.
		Darioletta . . .	Amadis.
			Selima.
Payment . . . . . (1848).	Slane	Royal-Oak . . .	Catton.
			F. de Smolensko.
		N. par.	Orville.
			Epsom Lass.
	Receipt.	Rowton	Oiseau.
			Katherina.
		N. par.	Sam.
			Morel.

En dix-huit ans, les produits de Dollar ont gagné environ 4,000,000 de francs dans les courses au galop.

arguments suffisants pour considérer un étalon comme un reproducteur de tête. L'origine, la beauté des formes et la netteté des membres sont des qualités trop essentielles pour que les éleveurs s'en désintéressent et ils n'accepteront jamais un étalon qu'après un examen sévère et approfondi.

Quelles que soient la vaillance et la vitesse de certains sujets à tournure équivoque, il est nécessaire de les éloigner impitoyablement de la reproduction.

C'est donc par l'intervention de l'étalon trotteur de grand ordre (type idéal et véritable pur sang dans son genre) que l'on améliorera nos races perfectionnées. C'est aussi par lui que l'on combattra la lymphe et la nonchalance de ces races communes, si précieuses par leur rusticité et leur volume.

Aussi, cette excellente « spécialité du trot » a droit, malgré ses zélés détracteurs, à des archives authentiques ; et dans les pages qui suivent, j'ai cherché à les établir.

Je croirai aussi avoir atteint un double but si les renseignements que j'ai recueillis sur ses origines peuvent faire progresser l'élite de notre race qui lutte si victorieusement sur nos hippodromes contre les chevaux d'importation américaine.

P. G.

3 mars 1896.

ABRÉVIATIONS

HN.	Haras nationaux.
A.	Alezan.
B.	Bai.
Bb.	Bai brun.
Gr.	Gris.
N.	Noir.
R.	Rouan.
(p. s.).	Pur sang anglais.
(p. s. a.)	Pur sang arabe.
(p. s. a. a.). . .	Pur sang anglo-arabe.
1/2 s.	Demi-sang.
i. d'.	Issu d'une.
app.	Approuvé.
D. d'É.	Dépôt d'Étalons.
v. p.	Voir page.

LISTE

PAR ORDRE ALPHABÉTIQUE DES ÉTALONS

DÉCRITS DANS CE VOLUME

NOTA. — Les lettres qui suivent le nom de l'étalon indiquent sa robe ; les chiffres qui viennent ensuite expriment sa taille ; la date qui suit, l'année de sa naissance.

Les caractères en rouge indiquent toujours un sujet de race pure.

Les dates qui suivent le nom de la circonscription rappellent le temps pendant lequel l'étalon y a fait la monte.

Dans l'état des productions de chaque étalon, la lettre E précédant un nom désigne un étalon ayant été employé dans les Haras de l'État ou un étalon approuvé.

Dans les vitesses ramenées au kilomètre, il n'a pas été tenu compte des fractions de seconde.

Chefs de Famille

ET

PRINCIPAUX ÉTALONS

Faisant la monte en France

ACQUILA. Bb. — 1.60. — 1878. HN.

Niger	T.N. Phœnomenon	Old Phœnomenon.	
		j. du Mecklembourg.	
	Miss-Bell	1/2 s. Américaine.	
Lucrèce (1)	Centaure	Séducteur	Noteur.
			N. par Fatibello.
		N.	Merlerault.
			N. par Kramer.
	Esméralda	Lully	Tipple-Cider.
			Pecora.
		N.	Chesterfield-Junior.
			N. par Pick-Pocket.

Né chez M. Godichon, à Godisson (Orne).

1881 a gagné. . . . . 4,370 fr.

Vitesse 1881, Le Pin, 1'52".

— Caen, 1'53".

Acheté à M. Gost . . . . 9,000 fr.

Le Pin : 1882.

Sommes gagnées par ses produits :

1886	6,970 fr.	1889	350 fr.
—87	250	—90	11,656
—88	550	—91	20,307

1892 . . . . . 10,400 fr.

---

(1) Lucrèce, B., 1870, a produit :

1878 Acquila.
—87 Jaloux ex Jalon, par Phaéton, gagnant à 3 ans de 760 fr. — R. 1' 51", E. au Pin.
—88 La Roussière, par Cherbourg.
—90 Message, par Cherbourg, gagnant à 3 ans de 1,300 fr. — R. 1' 43", E. à Saint-Lô.
—91 Nuage, par Élan.

Productions d'ACQUILA :

Amazone, i. d' Normand.
Belle et Bonne, i. d' Irlandais.
Belle-Lune, i. d' Irlandais.
Conquête, i. d' Fulmen.
Cyclamen (1), i. d' Conquérant.
Emigrée, i. d' Apis.
Espérance, i. d' Irlandais.
E Favori (2), (approuvé).
Fileuse, i. d' Kilt (p. s.).
Flamme, i. d' Mercure.
Fleurette, i. d' Ulbach.
E Forgeron II, i. d' Conquérant.
Gano, i. d' Kilomètre.
E Garbon, i. d' Stade.
Gardenia, i. d' Kilt (p. s.).
Gauloise, i. d' Ignace.
Geneviève, i. d' Esculape.
Giselle, i. d' Irlandais.
Girouette, i. d' Montfort (p. s.).
Gratitude, i. d' Le Major.
Hachette, i. d' Conquérant.
E Hainaut, i. d' Hannon.
E Harry, i. d' Normand.
E Hauban, i. d' Ignace.
Hautain, i. d' Normand.
Havane, i. d' Irlandais.
E Hérode, i. d' Kilomètre.
Héros, i. d' Louviers.
Hervine, i. d' Normand.
Historienne, i. d' Normand, v. p. 124
Hortense, i. de Olga.
Ibis, i. d' Milanais.
Impétueuse, i. d' Montfort (p. s.).
E Inaudi-Jacques, i. d' Kilomètre.
Indien, i. d' Normand.
Indienne, i. d' Normand.
E Interdit, i. d' Valparaiso.
Interim, i. d' Phaëton.
Intrigue, i. d' Normand.
Ionie, i. d' Hippomène.
Iris, i. d' Kilt (p. s.).
Iris, i. d' Normand.
Irma, i. d' Jackson.
Isabelle, i. d' Elu.
Imérie (3), i. d' Normand.
Italienne, i. d' Irlandais.
Italienne, i. d' Normand.
Japse, i. d' Normand.
E Jeamont, i. d' Elu.
Jeanne, i. d' Elu.
Jeannette, i. d'Elu.
E Jeune Premier, i. d' Normand.
Joinville V, i. d' Normand.
E Jovial, i. d' Normand.
Junon, i. d' Abrantès.
Kagoula, i. d' Y.
Kant, i. d' Normand.
Kantara, i. d' Milanais.
Kara, i. d' Normand.
Kédioc, i. d' Irlandais.
Ketty, i. d' Hippomène.
E Khédive, i. d' Irlandais.
Knox, i. d' Esculape.
Koof, i. d' Normand.
Koubba (4), i. d' Normand.
Lackmé, i. d' Y.

---

(1) Cyclamen, B., 1887, issue de Rigolette III, par Conquérant, gagnante à 3, 4 et 5 ans de 9,581 fr. — Record, 1' 40".

(2) Favori, B., 1883, issu de Champêtre, par Lavater, gagnant à 3 ans de 4,470 fr. — Record, 1' 46". Étalon app. Haras de la Mancellière (Manche).

(3) Ismérie, Bb., 1886, gagnant à 4, 5 et 6 ans de 31,237 fr. — Record, 1' 34".

(4) Koubba, propre sœur d'Ismérie.

Productions d'ACQUILA:

La Houssaye, i. d' Tamberlick (p. s.).
La Lorraine, i. d'Irlandais.
La Patti, i. d' Normand.
Larrey, i. d' Montjoie.
Lidda, i. d' Hick.
Lina, i. d' Normand.
Lionne, i. d' Conquérant.
Luc, i. d' Louviers.
Lutece, i. d' Normand.
Lutteur, i. d' Tigris.
Lydia, i. d' Hick.
E Lyrique, i. d' Josaphat.
Mlle de Merville, i. d' Normand.
Magicien, i. d' Normand.
Louisiane, i. d' Oriental.
Manon, i. d' Oriental.
Mathilde, i. d' Introuvable.
Mirliflore, i. d' Normand.
Mona, i. d' Kilomètre.
Murcie (1), i. d' Normand.
Nessus, i. d' Kilomètre.
E O'Connell, i. d' Stade.
Opale, i. d' The Heir-of-Linne (p. s.).
Orme, i. d' Stade.
Ottomane, i. d' Ignace.
Oyestreham, i. d' Kilomètre.
Paquerette, i. d' Ignace.
Plaisanterie, i. d' Stade.
Preference, i. d' Stade.
Quimper, i. d' Tigris.
Riblette, i. d' Ignace.
Rouille, i. d' Polkantchick.
Sans-Tache (2), i. d' Conquérant.
Satania, i. d' Normand.
Soubrette, i. d' Ignace.
Sultane.
Sylvie, i. de Trocadisette (p. s.).
Vénus, i. d' Normand.

---

(1) Murcie, B., 1890 est issue de Turlurette, mère d'Harley, v. p. 86.

(2) Sans-Tache, Bb., 1888, est issue de Rosière, mère de Valdempierre, v. p. 201.

ÆMULUS. Bb. — 1.67. — 1871 (approuvé) Duc de Vicence.

Mambrino-Pilot	Mambrino-Chief. . .	Mambrino-Paymaster.
		Dam of. Messenger.
	Dam	Alexander's Pilot. Jr.
		Webster Dam.
Black-Bess (1).	Shoreham's. . . . . Black Hawk	Hills Black Hawk.
		Afine roadster, unknown.
	Clara by Cassius.	

Le record d'Æmulus est selon *Spirit of the Times* le mille de 1.609 mètres en 2' 19" 3/4 (soit le kilomètre en 1' 27" 1/4), conduit par A.-J. Feek. Il a gagné en Amérique 13 courses de 1876 à 1880.

Haras de Colaincourt (Aisne) : 1881.

Sommes gagnées par ses produits :

1887	2,550 fr.	1891.	6,610 fr.
—88	1,500	—92.	10,210
—89	1,600	—93.	11,375
—90	7,780	—94	13,120

1895 . . . . 8,658 fr.

(1) Record de Black-Bess sur 1,609 mètres 2' 21" ; pleine d'Æmulus 2' 26".

Productions d'ÆMULUS :

Engineer.
Esly.
Fama, i. de Grotza.
Felicia, i. de Prigodjaia.
Fervidius.
Fleur du Nord.
Florella, i. de Daïsy (am.).
Forest-King.
Flos.
E Galaor (app. de 500).
Geffionnée, i. de Oudatchnaya.
Geneviève, i. d' Hunter.
Good Alice, i. d' Norfolk.
Golconde, i. de Validée (p. s.).
Greathawk.
Guirlande, i. de Paquerette.
E Gulliver (app. de 800 fr.), i. de Kentuky.
Haeda.
Haraoum, i. de Zaba.
Halcyona, i. d' Norfolk.
Hamaïta, i. de Oudatchnaya.
E Hastings, i. de Lastotschka.
E Hécla (app. de 500), i. d' Fidele au Malheur.
Helianthe, i. de Elma.
Hellas.
Hengist.
E Heristal (1) (app. de 600), i. d' Normand.
E Hiram, i. de Décision (p. s.).
Holcar.
Hyade, i. de Lucy (am.).
Hybea, i. de Dolla (russe).
Hyppea.
Iauthis.
Illeubra.
Indus.
Ines, i. de Sarabande.
Inveruers.
Iphis, i. de Lisa.
Ismene, i. de Netenitza.
Isidora, i. de Augusta (p. s).
Isis, i. de Gipsy.
Iza.
Jaculor (2), i. de Prigodjaïa.
Jafer, i. de Dola.
Jaspe, i. de Valna.
Jamaïque, i. de Black-Queen II.
Jellabad, i. d' Bombay.
Jefferson (3), i. de Grace.
Jericho.
Jersey, i. de Pascaline.
Jessika.
Joab (4), i. de Paquerette.
Joas, i. de Normand.

---

(1) Heristal, issu d'une fille de Normand, obtient le 1er prix des étalons au concours régional d'Arras, en 1893.

(2) Jaculor, Bb., 1887, gagnant à 3, 4, 5 et 6 ans de 7,440 fr. — R. 1' 37", Levallois.

(3) Jefferson, N., 1887, gagnant à 3, 4, 5 et 6 ans de 4,805 fr. — R. 1' 37".

(4) Joab, B., 1887, gagnant à 3, 4 et 5 ans de 8,315 fr. — R. 1' 37".

ALBRANT. Bb. — 1.56. — 1878. HN.

Normand . . .	Divus	Québec	Ganymède. N. par Voltaire.
		N.	Electrique.
	Balsamine.	Kapirat	Voltaire. N. par The-Juggler.
		La Débardeur. . . .	Débardeur.
Simonne (1) .	Noteur ou Abrantès.	Pledge	Royal-Oak. N. par Y. Rattler.
		N.	Noteur.
	N.	Hercule	Rainbow. Aimable.

Né chez M. Doussault à l'Hôtellerie de Flée (Maine-et-Loire).

1881 a gagné . . . . 8,915 fr.

Vitesse 1881, Mortagne 1' 51".

Acheté à M. de Goulard. . . . 8,000 fr.

La Roche-sur-Yon : 1882-1895.

Sommes gagnées par ses produits :

1887	3,600 fr.	1891	8,367 fr.
—88	7,690	—92	2,500
—89	8,240	—93	1,460
—90	4,313	—94	125

1895. . . . . 2,530 fr.

---

(1) Simonne, B., a produit :

1877 Vatel, par Normand.

—78 Albrant.

Productions d'ALBRANT :

Aïda, i. d' Fabuleux.
Amourette, i. d' Supérieur.
Beatrix, i. d' Nectar.
Candidat.
Farceur, i. d' Nique.
Financier.
Flamme, i. d' Bénévole.
Grenadine (1), i. d' Kapirat II.
Guinée (2), i. d' Pactole.
Hamlet, i. d' Kapirat II.
E Hardi, i. d' Pactole.
Hors-d'Œuvre, i. d' Kapirat II.
Hotesse, i. d' Kapirat II.
Hyperbole, i. d' Marignan.
Hypothèse, i. d' Pactole.
Illusion, i. d' Pactole.
E Imprévu, v. p. 99.
Isly, i. d' Romuald.
Italienne, i. d' Nectar.
Jonquille, i. d' Lahire.
Jouteur, i. d' Kapirat II.
Jouvencelle, i. d' Printemps (p. s.).
Junon, i. d' Pactole.
Jupiter, i. d' Jambes d'Argent.
E Justin, i. d' Samson.
Kalouga, i. d' Beauvoir.
Karibon, i. d' Horritz.
E Kartoum, i. d' Kapirat II.
Kermesse, i. d' Kapirat II.
Kitty, i. d' Jambes d'Argent.
Kleber, i. d' Lahire.
E Laborieux, i. d' j. de l'État.
La Louve.
Lamourette.
E Lancelot, i. d' Rovigo.
Lansquenet, i. d' Nectar.
La Sèvre (3), i. de Coquette.
Leda-la-Belle, i. d' Romuald.
Le Pacha, i. d' Kapirat II.
E Liron, i. d' Julien.
E Libéral, i. d' Nectar.
Lisbeth, i. d' Thuriféraire.
Mal-Jugé, i. d' Julien.
Mardi, i. d' Océan.
Mascaret, i. d' Conquérant.
Metella, i. d' Pactole.
Musarde (4), i. d' Hargneux.
Officier, i. d' Marignan.
Orateur, i. d' Arcole.
E Ortolan, i. d' Arcole.
Orphelin, i. d' Gontran (p. s.).
Ottoman, i. d' Pactole.
Printanière, i. d' Saint-Michel.
Rebus, i. d' Vichnou (p. s.).
Reims, i. d' Quibbler.
Vapeur, i. d' Bénévole.

---

(1) Grenadine, B., 1884, gaguante à 3 et 4 ans de 3,210 fr. — R. 1' 51".

(2) Guinée, B., 1884, gagnante à 3 et 4 ans de 6,430 fr. — R. 1' 47" sur 6,000 mètres ; Guinée est la mère de l'étalon Mars, v. p. 130.

(3) La Sèvre, B., 1888, gagnante à 3 et 4 ans de 4,305 fr. — Record, 1' 44".

(4) Musarde est la mère de Nanette, par Arcole, v. p. 21.

ALCALA. B. — 1.60. — 1878. HN.

Lavater. . . .	Y. ou Crocus	E. du Norfolk.	
	Candelaria	j. anglaise.	
Miss-of-Linne (1).	The Heir-of-Linne. .	Galaor	Muley-Molock. Darioletta.
		Mrs Walker	Jereed. Zinganee mare.
	Catherina	Bramble	Bay-Middleton. Moss-Rose.
		Achaia	Elis. Miss-Craven.

Né chez M. de la Gonivière, à Saint-Eny (Manche).

1881 a gagné. . . . . 31,385 fr. } 34,410 fr.
—82 — 3,025

Vitesse en 1881, Caen, 1' 48".
— 1882, Le Pin, 1' 47".
— 1882, Caen, 1' 48".

Acheté à M. Gost. . . . . 13,000 fr.
Lamballe : 1883.

Sommes gagnées par ses produits :

1887	5,908 fr.	1890	4,021 fr.
—88	7,156	—91	100
—89	6,030	—92	6,140

1893 . . . . 825 fr.

---

(1) Miss-of-Linne, A., 1867, a produit :

1878 Alcala.
—83 Figaro, par Lavater, gagnant à 3 ans de 3,891 fr. — E. à Lamballe.
—84 Gladiator, par Lavater, gagnant à 3 ans de 5,047 fr. — E. à Saintes.
—85 Halo, par Lavater, gagnant à 3 ans de 4,040 fr. — E. à Hennebont.

Productions d'ALCALA :

Alcala.
Cœur-de-Chêne, i. de Clettic.
Coquette, i. d' Windham.
Galantine, i. d' Philibert.
Gare-Dessous, i. d' Ackel.
Gazelle.
E Gersey ex Dilo, i. d' Jarni-Dieu.
Grand Duc, i. de Dolly.
Grégoire, i. d' Chaperon.
Guidon (1), i. d' Guillaume-le-Taciturne.
Hérisson, i. de Sans-Façon.
Hermine, i. d' Suffren.
Herminette, i. de Tolede.
Hirondelle, i. d' Oméga.
Idole, i. d' Oméga.
E Imphy, i. d' Fire-Away.
Infaillible, i. d' Flyng-Cloud.
Jarnicoton.
Javadao, i. d' Flyng-Cloud.
Jeanne d'Arc.
Kerouzeré.
Léa, i. d' Corlay.
Lethé, i. de Béatrix.
Lisette, i. d' Flibustier.
Luronne, i. de Réséda.
Majesté, i. d' Vétéran.
Maraudeur, i. d'Ulm.
Marius, i. d' Romeux.
Merveilleux, i. d' Beauvais.
Nictage, i. d' Corlay.
Sioulic.

---

(1) Guidon, B., 1884, issu de Sans-Façon, gagnant de 16,248 fr. — R. 1' 40".

APIS. B. — 1.60. — 1878. HN.

Lavater. . . .	Y. ou Crocus	E. du Norfolk.	
	Candelaria	anglaise.	
Folette	Agenda	Lucain ou Quia	Sylvio. N. par Aï.
		N.	Impérial.
	N.	Eylau.	Napoléon. Delphine.
		N.	Quandros.

Né chez M. Leduc, à Houesville (Manche).

1881 a gagné. . . . 3,356 fr.

Vitesse 1881, Caen, 1' 51".

— Vincennes, 1' 55".

Acheté au Marquis de Cornulier. . . . . 9,000 fr.

Le Pin : 1882.

SOMMES GAGNÉES PAR SES PRODUITS :

1887	940 fr.	1890	10,205 fr.
—88	3,115	—91	500
—89	3,170	—92	12,590

1893 . . . . 4,100 fr.

Productions d'APIS :

Apia, i. d' Ignace.
Apia, i. d' Plutus (p. s.).
Arlette, i. d' Palm.
Aspirante, i. d' Kilomètre.
Conquérante, i. d' Conquérant.
Coquet, i. d' Montfort (p. s.).
Espérance, i. d' Noville.
E Factum, i. d' Gaulois.
Falafate, i. d' Gaulois.
E Falbala, i. d' Sincerity.
Fantassin, i. de La Fanchonnette (p. s.).
Flageolet, i. d' Jactator.
E Frioul, i. d' Niger.
Gagne-Petit, i. d' Montfort (p. s.).
Galopin, i. d' Interprète.
Galopin, i. d' Tigris.
Geneviève (1), i. d' Hick.
E Geolier, i. d' Interprète.
Georgette, i. d' Gabier (p. s.).
E Gold-Finch (2), i. d' Tamberlick (p. s.).
Graziella, i. de Nisida (p. s.).
Grisolles, i. d' Estafette.
Grenade, i. d' Irlandais.
E Gretry.
Habile, i. d' El-Ghor (p. s. a.).
Héritier, i. d' Normand.
Herodias, i. d' Tamberlick (p. s.).
Idole, i. d' Niger.
Idylle, i. d' Niger.
E Impétueux.
Indian-Black, i. de Folette (p. s.).
Kate, i. d' Acquila.
Kleber, i. d' Niger.
Kopeck, i. d' Acquila.
E Kina, i. d' Jackson.
Kisber, i. d' Quick-Sylver.
Laborieux, i. de Victoria.
Lectrice, i. de Lisa
Lucrece, i. de Biche.
Lucurin, i. d'Ignace.
Lunatique.
Luther, i. d' Tamberlick (p. s.).
Mlle de la Fresliniere, i. d' Kilomètre.
Merveille, i. d' Succès.
Mirabelle.
Miss-Apis, i. d' Hercule (p. s.).
Miss-Apis, i. d' Phœnomenon.
Mulatre.
Nacrée, i. d' Noville.
Ninette.
Numa.
Pale-Ale, i. d' Raifort.
Suzette, i. d' Bassompierre.
Ténébreuse, i. d' Niger.
Thérésa, i. d' Matchless.

---

(1) Geneviève, B., 1885, gagnante de 35,480 fr. — R. 1' 36".

(2) Gold-Finch, B., 1884, gagnant à 3 et 4 ans de 1,190 fr. — R. 1' 47".

ARAMIS. A. — 1.64. — 1884 (approuvé), M. Lemonnier.

Hippomène . .	Bagdad	West-Australian . .	Melbourne.
			Moverina.
		Young-Lady	Ionan.
			Prétendante.
	Barbe d'or	Mogador	Hlavie.
			N. par Spy.
		N.	Y. Phœnomenon.
Sylvia (1). . .	Conquérant.	Kapirat.	Voltaire.
			N. par The Juggler.
		Elisa	Corsair.
			Elise.
	Fridoline (2)	Schamyl	Rough-Robin.
			Kate-Kearney.
		Marquise (3)	j. anglaise.

Né chez M. Lemonnier, à Goustranville (Calvados).

1887	a gagné.	3,900 fr.	16,080 fr.
—88	—	5,820	
—89	—	6,360	

Vitesse en 1888, Le Pin, 1' 44".
— 1889, Vincennes, 1' 42".
— — Caen, 1' 40".

Haras de Goustranville : 1890.

Sommes gagnées par ses produits : 1895. . . . 20,191 fr.

(1) Sylvia, A., 1871, gagnante à 3 ans de 200 fr. — Record 2' 07", a produit :

1879 Bavaroise, par Niger, gagnante à 3 et 4 ans de 1,500 fr. — Record, 1' 47".
—83 Fidès, par Hippomène, gagnant à 3 ans de 200 fr. — Record, 1' 59".
—84 Aramis.
—85 Bayadère, par Hippomène, gagnante à 3 et 4 ans de 2,995 fr. — Record, 1' 47".
—88 Etoile Filante, par Valencourt.
—90 Gladiateur, par Cherbourg, E. à Saint-Lô (sous le nom de Muguet).
—93 Jouteuse, par Valencourt.

(2) Fridoline est la mère de Quinola, v. p. 167, et la grand'mère d'Arcole, v. p. 20.

(3) Marquise est née vers 1835, elle est indiquée dans quelques ouvrages comme fille de Phœnomenon ; Marquise est la mère de : Ouvrier, Bayadère, Talma et de Fridoline.

ARCOLE. B. — 1.59. — 1878. HN.

Quinola. . . .	Conquérant.	Kapirat	Voltaire. N. par The Juggler.
		Elisa	Corsair. Elise.
	Fridoline (2)	Schamyl	Rough-Robin. Kate-Kearney.
		Marquise	anglaise.
Nita (1). . . .	Ipsilanty	The Black-Phœnomenon	Old Phœnomenon. Mecklembourgeoise.
		N.	Sylvio. N. par Valient.
	Ida (2)	Royal-Oak	Catton. Smolensko Mare.
		Thérence	Turck. Esméralda p. Sylvio.

Né chez M. Mann, à Pont-Audemer (Eure).

N'a jamais rien gagné en courses.

Vitesse 1881, Mortagne, 1' 54".

Acheté à M. Lemonnier . . . . . 5,500 fr.

La Roche-sur-Yon : 1882.

SOMMES GAGNÉES PAR SES PRODUITS :

1886	3,700 fr.	1891.	19,665 fr.
—87	6,840	—92.	7,325
—88	18,000	—93.	2,710
—89	5,130	—94.	7,932
—90	1,025	—95.	17,680

(1) Nita, Bb., 1869, a produit :

1874 Sobriquet, par Lavater, v. p. 186.
—78 Arcole.
—81 Doublon, par Quinola ou Noville.
—84 Gallus ex Newmarket, par Rivoli, E. à Hennebont.
—85 Orion, par Rivoli.
—86 Impétueux, par Hippomène.
—88 Lansquenet, par Tigris, gagnant à 3 ans de 2,066 fr. — Record 1' 48", E. à Compiègne.
—89 Sobriquet, par Hardy.
—90 Ida, par Hardy, gagnante de 3 ans de 870 fr. — Record 1' 58".

(2) Voir page 167.

Productions d'ARCOLE :

Boum, i d' Beauvoir.
Clochette, i. d' Félin.
Diane, i. d' Beauvoir.
Eclipse (1), i. d' Kapirat II.
E Freluquet, i. d' Kapirat II.
E Gagne-Petit, i. d' Liban.
Géant (2), i. d' Rubens.
E Gravier (3), i. d' Abrantès (app.).
Hautaine, i. d' Tunis.
Herminie, i. d' Gontran (p. s.).
Historiette, i. d' Kapirat II.
E Ibique ex Impétueux.
Indépendant, i. d' Niger.
Ingénue, i. d' Niger.
Insoumis, i. d' Cœnis.
E Jadis, i. d' Messager.
E Jehu, i. d' Disciple.
Jupiter, i. d' Serpolet B.
Kabylie, i. d' Conquérant.
E Kasimir, i. d' Nectar.
E Kangourou (4), i. d' Nique.
Kriquet, i. d' Marignan.
E Kroumir, i. d' Nique.
E Laborieux, i. d' j. vendéenne.
Latinus, i. d' j. de l'État.
E Licteur, i. d' Eros.
Lili, i. d' Nique.
Lunette, i. d' Qu'en dira-t-on.
Marquise, i. d' Borack (p. s.).
Mars, i. d' Saint-Michel.
Minerve, i. d' Nique.
Mon Espoir, i. d' Nique.
Muscadin, i. d' Rubens.
Nacelle, i. d' Thuriféraire.
E Nalliers, i. d' Pactole.
Nanette (5), i. d' Albrant.
Negresse, i. d' Apis.
Nemo, i. d' Acquila.
Neubourg, i. d' Chantonnay.
Noémie (6), i. d' Pactole.
Nonobstant, i. de Our-Nell (p. s.).
Noteur, i. d' Y. Phosphorus.
Novelda, i. d' Dictateur.
Nox, i. d' Tigris.
Nyanka, i. d' Vanité.
Olesko (7), i. d' Tigris.
Ondine, i. d' Thuriféraire.
Ondine, i. d' Pactole.
Opium, i. d' Eros.
E Oreste, i. d' Pactole.
Orley, i. d' Dictateur.
Orloff, i. d' Apis.
Orloff, i. d' Racine.
Orphée, i. d' Acquila.
Orphelin, i. d' Passe-Père (p. s.).
Petite-Fille, i. d' Espoir.
Petite-Mère, i. de Norma.
Pippermint, i. d' Dictateur.
Pistoïa, i. d' Pactole.
Poulette, i. d' Roquelaure.
Primevère, i. d' Dandiny.
Soubrette, i. d' Phaéton.
Themis, i. d' Baron.
Trop-Petite, i. d' Printemps (p. s.).
Vaillant, i. d'Urimesnil.
Violette (8), i. d' Pactole.

---

(1) Eclipse, B., 1888, gagnante à 3, 4 et 5 ans de 9,105 fr. — R. 1' 44".
(2) Géant, N., 1885, gagnant à 3 ans de 8,720 fr. — R. 1' 50".
(3) Gravier, B., 1884, gagnant en courses de 17,160 fr. — R. 1' 45". — E. approuvé.
(4) Kangourou, B., 1888, gagnant à 3 ans de 6,920 fr. — R. 1' 47". — E. à Lamballe.
(5) Nanette, B., 1891, gagnante à 3 et 4 ans de 11,125 fr. — R. 1' 40".
(6) Noémie, B., 1891, gagnante à 3 ans de 3,936 fr. — R. 1' 45".
(7) Olesko, Bb., 1892, gagnant à 3 ans de 6,360. — R. 1' 41".
(8) Violette, A., 1888, gagnante en courses de 7,195 fr. — R. 1' 42".

BEAUGÉ. A. — 1 62. — 1879. HN.

Conquérant. .	Kapirat	Voltaire.	Impérieux.
			La Pilot.
		N.	The Juggler.
			N. par Y. Topper.
	Elisa	Corsair	Knox's Corsair.
			N. par Cleveland.
		Elise	Marcellus.
			La Panachée.
Miss-Ambition	Ambition	Y. Phœnomenon.	
		N.	Performer.
	Mlle de Criqueville . (1870)	Interprète. . . . . . (1858)	Kapirat.
			N. par Galba.
		Annette.	Kapirat.
			N. par Perfection.

Né chez M. Rouyard, à Criqueville (Calvados).

1882 a gagné	34,860 fr.	}	50,460 fr.
—83 —	15,600	}	

Vitesse 1882, Le Pin, 1' 48".
— Caen, 1' 44".
Vitesse 1883, Le Pin, 1' 44".
— Caen, 1' 43".

Acheté à M. Ledars. . . . . 12,000 fr.

Le Pin : 1884-1888.

SOMMES GAGNÉES PAR SES PRODUITS :

1888.	31,010 fr.	1891.	68,268 fr.
—89.	47,400	—92.	46,593
—90.	108,625	—93.	16,797

Productions de BEAUGÉ :

Bayard, i. d' Oriflamme.
Beaujolaise, i. de Marionette.
Bijou, i. d' Bucephale.
Camelia, i. d' Quiclet, v. p. 131.
Dora, i. d' Noteur.
Eclipse (1), i. d' Vichnou (p. s.).
Espérance, i. d' Serpolet B.
Habile, i. d' Gall.
Harmonie, i. d' Condé, v. p. 60.
Harmonie, i. d' Inkermann.
Harpon II (2), i. d' Braconnier (p. s.)
Hausse Col, i. d' Praticien.
Havane, i. d' Elu.
Hermine, i. d' Braconnier.
Hermine II (3), i. d' Phaéton ou Gall.
Héros, i. d' Quiclet.
E Hertré (4), i. d' Elu.
E Hian, i. d' Abrantès.
Hirondelle (5), i. d' Niger.
Hirondelle II, i. d' Phaéton.
E Hopin, i. d' Jactator.
Hortense, i. d' Niger.
Hyacinthe, i. d' Quiclet.
Hypothèse, i. d' Hannon.
Hysope, i. d' Inkermann.
Ida, i. d' Vichnou (p. s.).
Ido, i. d' Elu.
E Ilote, i. d' Phaéton, v. p. 98.
Imbert, i. d' Jactator.
Imprudente, i. d' Parthénon, v. p. 68.
Indécise, i. d' Héliotrope, v. p. 155.
Indianna, i. de Suzanne (p. s.).
Indienne (6), i. d' Vichnou (p. s.).
Ingambe, i. d' Serpolet B.
E Intendant, i. d' Inkermann.
Intrépide, i. de Metella.
Ira (7), i. d' Vichnou (p. s.).
Irma, i. d' Koping.
E Isaac, i. d' Elu.
Isala, i. d' Abrantès.
Isaura, i. d' Condé, v. p. 60.
Isocrate, i. d' Koping.
Italienne, i. d' Abrantès.
Ivan, i. d' Vermouth (p. s.), v. p. 116.
Jacinthe, i. d' Abrantès.
E Jactator, i. d' Elu.
E Jaquar, i. d' Phaéton, v. p. 101.
Jalon II, i. d' Serpolet B.
Janthine, i. d' Abrantès, v. p. 138.
Jardinière, i. d' Parthénon, v. p. 68.
Jaseuse, i. d' Phaéton.
Jaseuse III (8), i. d' Gaulois.
Jason, i. d' Inkermann.
Javelle, i. d' Quiclet.
Javelot, i. d' Serpolet B.
Jeanne d'Arc, i. d' Séducteur.
E J'en-suis ex Jocko, i. d' Elu.
E J'en-veux, i. d' Serpolet B.
Joinville, i. d' Abrantes.
Joinville, i. d' Vichnou.
Jonas, i. d' Hannon.
Jongleur, i. d' Vermouth (p. s.).
Jongleuse, i. d' Quiclet.
Kamala (9), i. d' Saint-Rigomer.
Kaoline, i. d' Heliotrope, v. p. 155.
E Kerisper, i. d' Phaéton.
Kersaint, i. d' Acquila.
Kevel, i. d' Parthénon.
Kiblat, i. d' Parthénon, v. p. 68.
Kleber, i. d' Vichnou.
Kœcy (10), i. d' Quiclet.

---

(1) Eclipse, mère du trotteur Nadir, par Élan, v. p. 61.
(2) Harpon II, A., 1885, gagnant à 3 et 4 ans de 13,290 fr. — R. 1' 39".
(3) Hermine II, A., 1885, gagnante à 3 ans de 6,985 fr. — R. 1' 42".
(4) Hertré, A., 1885, gagnant à 3 ans de 2,250 fr. — R. 1' 45", E. à Saintes.
(5) Hirondelle II, A., 1885, gagnante à 3 et 4 ans de 11,045 fr. — R. 1' 40".
(6) Indienne, A., 1886, gagnante de 44,372 fr. — R. 1' 34".
(7) Ira, A., 1886, gagnante de 21,190 fr. — R. 1' 35.
(8) Jaseuse III, A., 1887, gagnante de 14,545 fr. — R. 1' 37".
(9) Kamala, A., 1888, gagnante à 3, 4 et 5 ans de 10.197 fr. — R. 1' 38".
(10) Kœcy, A., 1888, gagnante à 3 et 4 ans de 16,370 fr. — R. 1' 39".

Productions de BEAUGÉ :

E Koran, i. d' Quiclet.
Kraken, i. d' Quiclet.
Lactée, i. d' Y. Quick-Silver.
Lancette, i. de Sans-Pareil.
E Lancier, i. d' Orloff.
La Varenne, i. de Brillante.
La Vendée, i. d' Sobriquet.
Linska, i. d' Serpolet.
Mlle de la Gripiere, i. d' Pretender.
Mlle de Romesnil, i. d' J'y-Songerai.
Mlle Patti, i. d' Serpolet B.
Normandie, i. de Grief (p. s.).
Oubliette, i. de El-Koumri (p. s.).
Theresa, i. d'Hannon.
Vigoureux, i. d' Aquila.
Xertré, i. de Hélène.

BÉGONIA. B. — 1.54. — 1879. HN.

Noville	Ipsilanty	T. N. Phœnomenon.	Old-Phœnomenon. Mecklembourgeoise.
		N.	Sylvio. N. par Valient.
	Thérence	Turck.	anglais.
		Esméralda	Sylvio. Mélanie.
Cendrillon (1).	Conquérant.	Kapirat.	Voltaire. N. par The Juggler.
		Elisa	Corsair. Elise.
	Bayadère	T. N. Phœnomenon.	Old-Phœnomenon. Mecklembourgeoise.
		j. américaine.	

Né chez M. Lefebvre-Montfort, à Saint-Julien-de-Calonne (Calvados).

1882 a gagné	. . . . .	5,140 fr.	19,515 fr.
—83	—	12,175	
—84	—	2,200	

Vitesse 1882, Caen, 1' 46".
— —83, Le Pin, 1' 43".
— — Caen, 1' 43".
— —84, Bernay, 1' 38".

Acheté à M. Lefebvre-Montfort . . . . . 10,000 fr.
La Roche-sur-Yon : 1885-1890.
Lamballe : 1890.

SOMMES GAGNÉES PAR SES PRODUITS :

1889.	3,550 fr.	1892	8,690 fr.
—90.	12,329	—93	9,939
—91.	8,525	—94	9,371

---

(1) Cendrillon, A., 1864, gagnante à 3 et 4 ans de 4,800 fr.

Productions de BÉGONIA :

Croquette, i. de Croquette.
Finette, i. d' Quinola.
Gamine (1), i. d' Le-Képi (p. s.).
Ida (2), i. d' Peloton.
Idéal, i. d' Chantonnay.
Ipsiboë, i. d' John-Bull.
Janus, i. d' Tigris.
Jarnac, i. d' Peloton.
Jean-Bart, i. d' Pactole.
E Jongleur XII (3), i. d' Qu'en-dira-t-on.
Kabylie, i. d' Conquérant.
Karibon, i. d' Philoctète.
Karine, i. d' Y. Phosphorus.
Kerma, i. d' Pactole.
Kilomètre, i. d' Joyeux.
La Brise, i. d' Jambes-d'Argent.
Laurence, i. d' Kapirat II.
Le Nantais, i. d' Mahométan.
E Lezard, i. d' Thuriféraire.
Liberté, i. d' Jambes-d'Argent.
Libertin (4), i. d'Kapirat II.
Litanie, i. d' Kapirat II.
L'Ouragan.
Luronne, i. d' Nique.
Mario (5), i. d' Tigris.
Marceline, i. de Mérope.
Mirabelle (6), i. d' John-Bull.
Miss-Helyet, i. d' Novus.
Naxos, i. de Trompeuse.
Négociant, i. d' Qu'en-dira-t-on.
Negrepont, i. d' Beauvoir.
Négresse, i. d' Liban.
Neva, i. de Coquette.
Noémie, i. d' Arcole.
Olga, i. d' Sedan (p. s.).
Turco, i. d' j. limousine.

---

(1) Gamine, Bb., 1886, gagnante de 1,950 fr. — R. 1' 45".

(2) Ida, B., 1889, gagnante à 3 ans de 2,700 fr. — R. 1' 48".

(3) Jongleur XII, B., 1887, issu de Lingère, par Qu'en-dira-t-on, gagnant de 20,899 fr. — R. 1' 40". E. à la Roche-sur-Yon.

(4) Libertin, B., 1889, gagnant à 3, 4, 5 et 6 ans de 9,358 fr. — Record, 1' 38".

(5) Mario, Bb., 1890, issue de Devise, par Tigris, gagne à 3 et 4 ans 9,455 fr. — R. 1' 45".

(6) Mirabelle, Bb., 1889, gagnante à 3, 4 et 5 ans de 5,780 fr. — R. 1' 39".

CÉSAR. A. — 1.58. — 1880. HN.

Serpolet-Rouan	Conquérant	Kapirat	Voltaire. N. par The Juggler.
		Élisa	Corsair. Élise.
	N.	Confidence	Voltaire. Cybèle par Royal.
Mignonne (1).	Liberator	Garibaldi	anglais.
		N.	Old-Phœnomenon.
	N.	Rapide	Orme. N. par Quine.

Né chez M. Pasquier, à Ardillères (Charente-Inférieure).

1883 a gagné . . . . 8,750 fr.
—84 — . . . . 18,925 } 41,225 fr.
—85 — 13,550

Vitesse 1883, Le Pin, 1' 48".
— —84, — 1' 41".
— — Caen, 1' 42".

Acheté à M. Pasquier. . . . 7,000 fr.
Saintes : 1886.

SOMMES GAGNÉES PAR SES PRODUITS :

1880.	13,703 fr.	1892.	27,491 fr.
—91.	20,460	—93.	5,081

1894. . . . . 15,463.

(1) Mignonne a produit :

1880 César.
—86 Infatigable, par Cherbourg.
—87 Jericho, par Tant-Mieux (p. s.).
—88 Nacelle, par Florestan.
—90 Merluche, par Hernani.

Productions de CÉSAR :

Biche, i. d' Lazzarone.
Cabriole, i. de Bichette.
Césarine, i. de Diane.
Césarine, i. d' Quibbler.
Citadine, i. d' Dear-Tom.
Conquérante, i. d' Jouteur.
Coquette, i. d' Lazzarone.
Désirée, i. d' Lapin (Russe).
Diva, i. d' Python.
Fille-de-l'Air, i. d' Trouville.
France.
Franco-Russe, i. d' Lapin.
Guipure.
Hirondelle.
Javeline, i. de Rosalie.
Jeanne d'Arc, i. d' Corlay.
Jeannette.
Job III (1), i. d' Lapin (Russe).
Joyeuse II.
Joyeuse VII, i. d' Lapin (Russe).
Julia (2), i. de la Charente (américaine).
Junon, i. d' Joyeux.
E Jupiter, i. d' Montbars (p. s.).
J'y suis, i. d' Egée.
Kahel, i. d' Ruy-Blas.
Kaliztos, i. de Eclipse.
Kaolin, i. d' Quibbler.
Karibon (3), i. d' Pactole.
Kléber, i. d' Masséna.
La Folie, i. d' Nique.
E Lapin (4), i. d' Lapin (Russe).
Le Nil (5), i. d' Python.
Lindor, i. d' Imperator.
E Lonval, i. d' Trouville.
Lorette, i. d' Pactole.
Luc, i. d' Montbars.
Magenta, i. d' Quibbler.
Mazarine, i. d' Pacific.
Merignac, i. d' Epreuve.
Monarque, i. d' Monseigneur.
Muron, i. d' Imperator.
Mylord, i. d' Pactole.
Nanam, i. d' Python.
Nazarine.
Neptune, i. d'Imperator.
Nougat, i. d' Latude.
Oberon, i. d' Python.
Olympe, i. d' Nessus.
Oreste, i. d' Valencourt.
Orpheline, i. d' Pactole.
Païenne, i. d' The Heir-of-Linne (p. s.).
Papillon, i. d' Imperator.
Pirouette, i. d' Lapin.
Praline, i. d' Pactole.
Princesse, i. d' Monseigneur.
Quarante-et-un, i. d' Python.
Quêteuse, i. d' Pactole.
Quintessence, i. d' Python.
Quito, i. d' Quibbler.
Qui-vive, i. d' Python.
Quotidienne, i. d' Valencourt.
Rigolette, i. d' Quibbler.
Rochefort, i. d' Pactole.
Roland, i. d' Python.
Tu-me-fais-rire, i. d' Lapin.
Victorieuse, i. d' Lazzarone (p. s.).

---

(1) Job II, B., 1887, gagnant de 9,835 fr. — Record 1' 43".

(2) Julia, B., 1887, gagnante de 15,115 fr. — Record 1' 36", à Levallois.

(3) Karibon, A., 1888, gagnant à 3 et 4 ans de 13,716 fr. — Record 1' 41".

(4) Lapin, B., 1889, gagnant à 3 ans de 11,170 fr. — Record 1' 43", au Pin, E. à la Roche-sur-Yon.

(5) Le Nil, A., 1891, gagnant à 3 ans de 10,702 fr. — Record 1' 41".

CHERBOURG. Bb. — 1.68. — 1880. HN.

Normand . . .	Divus	Québec	Ganymède. N. par Voltaire.
		N.	Electrique.
	Balsamine	Kapirat	Voltaire. N. par The Juggler.
		La Débardeur	Débardeur.
Peschiera . . .	Extase	Thésée	Gainsborough. N. par Xercès.
		Atalante	Kramer. La Pilott.
	Anita	Conquérant	Kapirat. Élisa.
		Petite-de-Mer (1) . .	Usager. Margot par Dorus (2).

Né chez M. C. Hervieu, à Petiville (Calvados).

1883 a gagné . . . . . 56,441 fr.
—84 — 10,250
} 66,691 fr.

Vitesse 1883, Le Pin, 1' 42".
— — Caen, 1' 43".
— 1884, — 1' 41".

Acheté à M. C. Hervieu . . . . . 14,000 fr.
Le Pin : 1885.

Sommes gagnées par ses produits :

1889	13,533 fr.	1892	82,330 fr.
—90	64,305	—93	118,495
—91	95,075	—94	102,024

1895 . . . . . 56,170 fr.

(1) Petite-de-Mer est la grand'mère d'Harley, v. p. 86.
(2) Voir : Harley et Serpolet-Bai.

Peschiera, B., 1871, a produit :

1875 Trente-Un, par Normand, E. au D. de Saint-Lô, de 1879 à 1890.
—77 Voltigeur, par Normand, gagnant à 3 et 4 ans, de 14,825 fr. — Record 1' 47".
—78 Divette, par Normand, gagnante à 3 ans de 500 fr.
—80 Cherbourg.
—81 Destrier, par Normand, gagnant à 4 ans de 4,625 fr. — Record 1' 43".
—83 Farceur, par Normand, gagnant de 86 à 91 la somme de 16,820 fr. — Record 1' 42".
—85 Hécla, par Valdempierre, gagnant à 4 ans de 5,450 fr. — Record 1' 42"; E. au D. du Pin.

Productions de CHERBOURG :

Aurore, i. d' Phaéton.
Belle-Etoile, i. de Portia (p. s.).
Chartreuse, i. d' Ulrich II.
Emir, i. d' Niger.
Endiablée, i. d' Niger.
Espérance, i. d' Kilomètre.
Filine, i. d' Abrantès.
Fine-Champagne (1), i. d' Lavater.
Folie, i. d' Niger.
Giselle, i. d' Niger.
E Gladiateur, i. d' Conquérant, v. p. 19.
E Glaneur, i. d' Niger (app.).
Grippe-Sou, i. d' Conquérant, v. p. 128.
Hirondelle, i. d' Jactator.
Horace, i. d' Niger.
E Iambe, i. d' Parthénon.
Ibis, i. d' Parthénon.
Idole, i. d' Niger, v. p. 107.
Iena, i. d' Phaéton.
E Igor, i. d' Braconnier (p. s.).
Impatiente, i. d' Elu.
Impétueuse, i. d' Kilomètre.
Ines, i. d' Niger.
E Indo-Chine, i. d' Niger.
Infatigable, i. d' Liberator, v. p. 27.
E International, i. d' Marx, v. p. 100.
Intrépide, i. d' Conquérant.
E Intrigant, i. d' Quiclet.
Irana, i. d' Morisson.
Irlande, i. d' Vicomte.
Isabelle, i. d' Lavater, v. p. 110.
Isaure-Clémence (2), i. d' Niger.
Isoline, i. de Hérésie (p. s.).
Jason, i. d' Uriel.
Javeline II, i. d' Condé, v. p. 60.
Javeline III, i. d' Tamberlick (p. s.).
E Jean le Bon ex Jason, i. d' Niger.
Jessica, i. d' Oméga.
Jeune-Première (3), i. de Hérésie (p. s.).
E Joinville II, i. d' Niger.
E Jolibois, i. d' Niger, v. p. 105.
Jongleuse II, i. d' Phaéton.
E Josaphat, i. d' Buci.
Jouvencelle, i. d' Séducteur.

---

(1) Fine-Champagne, B., 1888, gagnante à 3, 4 et 5 ans de 15,910 fr. — Record 1' 37", v. p. 110.
(2) Isaure-Clémence, N., 1886, gagnante à 3 et 4 ans de 4,305 fr. — Record 1' 42".
(3) Jeune-Première, B., 1887, gagnante à 3 ans de 4,065 fr. — Record 1' 45".

Productions de CHERBOURG:

Judée (1), i. d' Lavater.
Julia, i. d' Bettina.
E Julien, i. d' Rutabaga.
Juvat, i. de Leona.
E Juvigny, i. d' Niger, v. p. 107.
E Kaboul, i. d' Rivoli, v. p. 110.
E Kabyle, i. d' Niger.
Kagoula, i. d' Phaéton.
Kalenda, i. d' Lavater.
Kan, i. de Prim (p. s.).
Kandahar, i. d' Patricien.
E Karnac, i. d' Elu.
E Kaviar, i. d' Phaéton, v. p. 98.
E Kent, i. d' Séducteur.
E Kentucky, i. d' Conquérant.
Kilia, i. d' Condé, v. p. 60.
E Kilomètre, i. d' Vermouth (p. s.), v. p. 116.
Klora, i. d' Uriel.
E Kœnisberg, i. d' Serpolet B.
Korrigane, i. d' Kilomètre.
E Kronstad ex-Lionceau, i. d' Quiclet.
Kyrielle (2), i. d' Phaéton.
E Labrador, i. d'Séducteur.
E Laconique, i. d' Quiclet.
Lady, i. d' Conquérant.
La Force (3), i. d' Serpolet B.
Laïs, i. d' Kilomètre.
E Lapidaire, i. d' Niger.
La Roussière, i. d' Centaure, v. p. 8.
Laura, i. d' Phaéton.
Laurentia, i. d' Niger.
La Valliere, i, d' Quiclet.
Lavater, i. d' Niger.
La Voici, i. d' Dictateur.
Lerida, i. d' Serpolet B.
Liana, i. d' Beauregard.
E Lichen ex Turluton, i. de Portia (p.s.)
E Lignères, i. d' Courtois.
Limier II, i. d' Braconnier (p. s.).
Linotte, i. d'Abrantès.
Lira, i. d' Zut (p. s.).
Liseron, i. d' Uriel.
Lisette, i. d' Inkermann.
Lison, i. de Suson (p. s.).
Lodève, i. d' Braconnier (p. s.).
Lodi, i. d' Niger.
Lucie-Herpin, i. d' Zut (p. s.).
E Lucifer, i. d' Niger.
Lut, i. d' Dictateur.
Lutece, i. d' Oriental.
Mab, i. d' Conquérant.
Macaroni, i. d' Niger.
E Macouba, i. d' Conquérant.
Ma-Cousine, i. d' Alice (p. s.).
Macta (4), i. d' Tamberlick (p. s.).
Mlle d'Escures, i. d' Oriental.
E Magenta, i. d'Inkermann.
E Mahé, i. d' Niger, v. p. 107.
Maintenon, i. d' Oriental.
E Malaga, i. d'Conquérant, v. p. 128.
Manchester, i. d' Quiclet.
Manchette, i. d' Eclipse.
Mandarine, i. d' Faust.
Mandarine II (5), i. d' Dictateur.
E Marcelet, i. d' Phaéton, v. p. 129.
E Martial, i. d' Fataliste (p. s.).
Maud, i. d' Ulrich.
Maud, i. d' Zut (p. s.).
Merveille, i. d' Niger.
E Message, i. d' Centaure, v. p. 8.
Messagère, i. d' Niger.
E Milan, i. d'Ulrich II.
Mimosa, i. d' Phaéton.
Minerve, i. d' Hannon.
Mira (6), i. d' Lavater.
Miracle, i. d' Phaéton, v. p. 129.
Mirliflore, i. d' Condé, v. p. 60.
Miss Cherbourg, i. d' Vichnou (p.s.).
Mon Espérance, i. d' Courtois.
Mon Seigneur, i. d' Lavater.
E Montebello (7), i. d' Elu.
Moissonneuse, i. d' Niger.
Mouvance, i. d' Inkermann.

(1) Judée, Bb., 1887, gagnante à 3, 4 et 5 ans de 6,765 fr. — Record, 1' 37".
(2) Kyrielle, B., 1888, gagnante à 3, 4 et 5 ans de 9,637 fr. — Record, 1' 39".
(3) La Force., B., 1889, à 3 ans de 11,130 fr. — Record, 1' 38".
(4) Macta, B., 1890, gagnante à 3 et 4 ans de 8,310 fr. — Record, 1' 37".
(5) Mandarine II, B., 1890, gagnante à 3 et 4 ans de 29.666 fr. — Record, 1' 37".
(6) Mira, B., 1890, issue de Duègne, par Lavater, gagnante à 3 ans de 8,119 fr. — Record, 1' 37".
(7) Montebello, B., 1890, gagnant à 3 ans de 3,700 fr. — Record, 1' 44". — Acheté 10,000 fr. par les Haras. E. à Compiègne.

Productions de CHERBOURG :

E Muguet, i. d' Conquérant.
Muscadet, i. d' Niger.
Myette, i. d' Palanquin.
My Lady, i. de Turquoise (p. s.).
Myosotis, i. d' Cicéron II.
Myosotis, i. d' Phaéton.
E Nabucho, i. d' Phaéton, v. p. 134.
Nacelle, i. d' Quiclet.
Naiade, i. d' Niger.
Narcisse (1), i. d' Phaéton.
Narnia, i. d' Ulrich II.
National, i. d'Ulrich II.
National, i. d' Quiclet.
Naufragé, i. d' Quiclet.
Nébuleuse, i. d' Barrabas.
E Nectar, i. d' Niger.
Nemea, i. d' Phaéton.
Nemo, i. d' Lavater.
Neptune, i. d' Conquérant, v. p. 128.
Nérée, i. d' Normand, v. p. 111.
Néron, i. d' Hannon.
E Nessy, i. d' Jactator.
Nevada, i. d' Phaéton.
E New-York, i. d' Noteur.
Niniche, i. d' Inkermann.
Ninon de l'Enclos, i. d' Marx.
E Noble-Garde, i. d' Uriel.
Noblesse, i. d' Lavater.
E Nodus (2), i. d' Lavater.
E Nordberg, i. d' Zut (p. s.).
Normand, i. d' Lavater.
E Nossi-Bé, i. d' Tigris.
E Nostradamus, i. d' Niger, v. p. 147.
Nubienne, i. d' Serpolet B.
Nymphe (3), i. d' Cymbal (p. s.).
Nymphe, i. d' The Heir-of-Linne.
Occagnes, i. d' Sir-Quid-Pigtail.
E Occidental, i. d'Oriental.
Océan, i. d' Beaugé.
E Œillet, i. d' Ulrich II.
E Offemback, i. d' Phaéton.
Office (4), i. d' Niger.
Old-Chap, i. d' Un.
Olivette, i. d' Inkermann.
Olivette, i. d' Trébahu.
Olympe, i. d' Niger.
Olympia, i. d' Lavater.
Omega, i. d' Elu.
Omega, i. d' Niger.
Omelette, i. d' Edhen (p. s. a.).
Onglette, i. d' Niger, v. p. 147.
Orange, i. de Brumilder (p. s.).
Orfa, i. d' Phaéton, v. p. 129.
E Organisateur, i. d' Lavater.
Oriflamme (5), i. d' Affidavit (p. s.).
E Original (6), i. d' Kilomètre.
E Orme, i. d' Lavater.
Orne, i. d' Inkermann.
Orvietan, i. d' Y. Q. Silver.
E Osborne, i. d' Dictateur.
Ostende, i. d' Trouville.
E Outremer ex Odéon, i. d' Quiclet.
E Oudineau, i. d' Niger, v. p. 107.
E Ouida, i. d' Niger.
Ouvrière, i. d' Condé, v. p. 60.
Palestine, i. d' Normand.
Pantagruel, i. de Suzan (p. s.).
Paquerette, i. d' Quiclet.
Paradis, i. d' Parthénon.
Pastourelle, i. d' Phaéton.
Patinette, i. d' Vici.
Pénéloppe, i. d' Phaéton.
Pensez-y, i. d' Phaéton.
Perfica, i. d' Phaéton.
Perle-Fine, i. d' Phaéton.
Petite-Chance, i. d' Phaéton.
Petit-Poucet, i. d' Cymbal (p. s.).
Phénix, i. d' Serpolet B.
Philippine, i. d' Niger.
Picciola, i. d' Abrantès.

---

(1) Narcisse, B., 1891, issue de Fauvette II par Phaéton, gagnante à 3 ans de 26,662 fr. — R. 1' 37".
(2) Nodus, Bb., 1891, gagnant à 3 ans de 6,450 fr. — R. 1' 40", E. à Saint-Lô.
(3) Nymphe, B., 1891, gagnante à 3 ans de 14,095 fr. — R. 1' 40".
(4) Office, N., 1892, gagnant à 3 ans de 7,760 fr. — Record 1' 43".
(5) Oriflamme, Bb., 1892, gagnante à 3 ans de 14,764 fr. — Record 1' 39".
(6) Original, B., 1892, gagnant à 3 ans de 11,235 fr. — Record 1' 39". Acheté 10,000 fr. E. à Saint-Lô.

Productions de CHERBOURG :

Pistache, i. d' Dictateur.
Planète, i. de Lisbeth (p. s.).
Polka, i. d' Niger.
Pompignac, i. d' Phaéton.
Pourquoi, i. d' Tigris.
Préférée, i. d' Serpolet B., v. p. 136.
Prétendant, i. d' Phaéton.
Primevère, i. d' Inkermann.
Prince-Noir, i. d' Niger.
Prince-Royal, i. d' Niger, v. p. 107.
Pronostic, i. d' Beaugé.
Prunet, i. d' Niger.
Qualité, i. d' Elan.
Quarantaine, i. d' Kapirat.
Quartidi, i. d' Noville.
Quatre à quatre, i. d' Attila.
Quassia, i. de Susan (p. s.).
Queen Mab, i. d' Dictateur.
Quelen, i. d' Niger, v. p. 107.
Quercy, i. d' Phaéton.
Querlon, i. d' Niger.
Questeur, i. d'Conquérant.
Quiberon, i. d'Cambronne.
Quily, i. d' Niger, v. p. 137.
Qui-m'aime, i. d' Tigris.
Quimperlette, i. d' Dictateur.
Quincaillier, i. d' Serpolet B., v.p. 136.
Quintal, i. d' Phaéton.
Quintilien, i. d' Phaéton.
Quolibet, i. d' Niger.
Qui-qu'en-Grogne, i. d' Eclipse.
Ramasse-Tout, i. d' Serpolet B., v. p. 137.
Rapière, i. d' Phaéton, v. p. 134.
Rembrand, i. d' Niger, v. p. 136.
Résultat, i. d' Vermouth (p. s.), v. p. 116.
Rochebrune, i. d' Faust (p. s.) v. p. 78.
Roger-Bontemps, i. d' Niger, v. p. 147.
Rosabelle, i. d' Dictateur.
Rose-d'or, i. d' Trocadéro (p. s.).
Rose-Thé (2), i. de Ethel-Maries (p. s.).
Sancho, i. d' Y. Q. Silver.
Sapho, i. d' Enragé.
Sonate, i. d' Fontenay.
Tentative, i. d' Phaéton.
Themis, i. d' Valdempierre.
Touriste, i. de Bichette (p. s.).
Turquoise, i. d' Dictateur.
Violette, i. d' Parthénon.
Veuve Cliquot, i. d' Lavater, v. p. 110.

---

(1) Quarantaine, B., 1887, issue de Jeune-Elisa, par Kapirat, gagnante à 3 ans de 15,761 fr. — R. 1' 39", v. p. 225.
(2) Rose-Thé, B., 1888, gagnante à 3, 4 et 5 ans de 36,155 fr. — R. 1' 36".

CICÉRON II. N. — 1.63. — 1880. HN.

Tigris.	Lavater.	Y ou Crocus	E. du Norfolk.
		Candélaria	j. anglaise.
	Modestie.	The Heir-of-Linne	Galaor. Mrs Walker.
		Négresse	Ugolin. N. par Lahore.
Mlle de Breville	Centaure	Séducteur.	Noteur. N. par Fatibello.
		N.	Merlerault. N. par Kramer.
	N.	Trouville	Fitz-Gladiator. Clémentine par Governor.

Né chez M. Allais, à Bieville (Calvados).

1883 a gagné	4,443 fr.	7,293 fr.
— 84 —	2,850	

Vitesse 1883, Cherbourg, 1′ 50″.
— — 84, Caen, 1′ 44″.

Acheté à M. Lefebvre. . . . . 7,000 fr.
Le Pin : 1885.

SOMMES GAGNÉES PAR SES PRODUITS :

1889	1,250 fr.	1892	13,965 fr.
—90	1,925	—93	48,189
—91	6,070	—94	17,190

1895. . . . . 11,780 fr.

Productions de **CICÉRON II** :

Cicéronne, i. d' Législateur.
Circée, i. d' Rivoli.
Farandole, i. d' Phaéton.
Firetaine, i. d' Cambronne.
Flore, i. d' Uriel.
Hortensius, i. d' Marco-Spada.
E Hosannah, i. d' Sir-Edwin-Landseer.
Isboseth, i. d' Sir-Quid-Pigtail (p. s.).
Iseria, i. d' Serpolet B.
Jambes d'Acier, i. d' Conquérant.
Jonatham, i. d' Sincerity (p. s.)
Jongleuse, i. d' Ecole II.
Joselle, i. d' Vermouth (p. s.).
E Kabyle, i. d' Législateur.
Kama, i. d' Sincerity (p. s.).
Kaoline, i. d' Phaéton, v. p. 101.
Kara, i. d' Phaéton.
Karacoli, i. d' Hannon.
Kermesse, i. d' Carrouges.
E Kramouski, i. d' Valdempierre.
Ladislas, i. d' Kilomètre.
Lætitia, i. d' Valdempierre.
La Goualeuse, i. d' Zut (p. s.).
La Kanal, i. d' Oméga.
E Lancelot, i. d' Sincerity (p. s.).
Lantille, i. d' Un.
E Lazicourt, i. d' Quiclet.
Lascar (1), i. d' Phaéton.
Lea, i. d' Phaéton.
Levantine, i. d' Serpolet B.
Lidah, i. d' Usquebac.
Longchamps (2), i. d' Uriel.
Lubin, i. d' Cambronne.
Lucrèce, i. d' Uriel.
Ma Cousine, i. d' Centaure.
Mlle de Saint-Paul, i. d' Phaéton, v. p. 101.
Mlle du Hamelle, i. d' Abrantès.
Ma Gentille, i. d' Ximenes.
Magicienne, i. d' Fataliste (p. s.).
Mandarine III (3), i. d' Serpolet B.
Médine (4), i. d' Serpolet B.
Mélisse, i. d' Gaulois.
Messagère, i. d' Hannon.
Messaline (5), i. d' Phaéton.
Milady, i. d' Uriel.
Milan, i. d' Noville.
Mina, i. d' Quiclet.
Mistral, i. d' Normand, v. p. 111.
Monita (6), i. d' Phaéton.
E Néauphle, i. d' Hidalgo.
Negro, i. d' Cherbourg.
Noisette, i. d' Uriel.
Nomade, i. d' Sincerity (p. s.).
Nougat, i. d' Lilas.
Ogresse (7), i. d' Beaugé.
Ondine, i. d' Lauzun (p. s.).
Ondine, i. d' Serpolet B.
Orfa, i. d' Elu.
Orpheline, i. d' Destin.
Quadrature, i. d' Edhen (p. s. a.).
Quêteuse, i. d' Conquérant.
Selika, i. d' Noville.
Sornette, i. d' Sincerity (p. s.).
Rapide, i. d' Dragon.
Rigolette, i. d' Faliéro.
Tamaris, i. de Laurel-Leaf (p. s.).
Tricoteuse, i, d' Phaéton, v. p. 91.
Tulipe, i. d' Noville.

(1) Lascar, B., 1889, gagnant à 3, 4 et 5 ans de 10,740 fr. — R. 1' 38", Levallois.
(2) Longchamps, N., 1889, gagnant à 3, 4 et 5 ans de 8.900 fr. — R. 1' 41".
(3) Mandarine III, B., 1890, gagnante à 3 ans de 12,825 fr. — R. 1' 36", Levallois.
(4) Médine, Bb., 1890, gagnante à 3 et 4 ans de 8,645 fr. — R. 1' 41", Levallois.
(5) Messaline, Bb., 1888, gagnante à 3, 4 et 5 ans de 12,125 fr. — R. 1' 40".
(6) Monita, B., 1890, gagnante à 3 ans de 14,560 fr. — R. 1' 35", Levallois.
(7) Ogresse, Bb. 1892, gagnante à 3 ans de 7,650 fr. — R. 1' 39".

COLPORTEUR. Bb. — 1.58. — 1880. HN.

Normand . . .	Divus	Québec	Ganymède. N. par Voltaire.
		N.	Electrique.
	Balsamine	Kapirat.	Voltaire. N. par The Juggler.
		La Débardeur	Débardeur.
Zaïne (1). . .	Conquérant.	Kapirat	Voltaire. N. par The Juggler.
		Elisa	Corsair. Elise.
	Atalante	Carignan	Taconnet. N. par Merlerault.
		N.	Egrillard.

Né chez M. Cousinard, à Lieuray (Eure).
1883 a gagné. . . . . 8,800 fr.
Vitesse 1883, Le Pin, 1' 47".
— — Caen, 1' 49".
Acheté à M. de Basly. . . . . 9,000 fr.
Saint-Lô : 1884.

Sommes gagnées par ses produits :

1889	1,975 fr.	1892	4,047 fr.
—90	9,370	—93	9,505
—91	4,260	—94	

(1) Zaïne, Bb., 1871 a produit :

1879 Baptiste-Lemore, par Niger, gagnant à 3 ans de 1,350 fr., E. au Pin. Acheté 11,000 fr.
—80 Colporteur.
—81 Drôle-de-Corps, par Niger, gagnant à 3 ans de 2,225 fr., E. à Hennebont.
—85 Hidalgo, par Valencourt, gagnant à 3 ans de 1,600 fr., E. à Saint-Lô.
—86 Ida, par Valencourt.
—87 Joliette, par Valencourt.
—88 Sans-Nom, par Phaéton.

Productions de COLPORTEUR :

Coca, i. d' Lavater.
Coriandre, i. d' Lavater.
Colporteuse, i. d' Josaphat.
Fabiola, i. d' Lavater.
Gazelle, i. d' Lavater.
Gitana, i. d' Quickly.
E Hugo, i. d' The Heir-of-Linne (p. s.), v. p. 224.
Idole, i. d' Nicanor.
E Immortel (1), i. d' Mars.
E Intégral, i. d' Dagobert.
Ismael, i. d' Gilbert (p. s.).
E Jansénius, i. d' Dimanche.
E Jarnac, i. d' J'y-Songerai.
Jarnicoton, i. d' Ignorée.
E Junot, i. d' Quality.
E Keepsake, i. d' Qui-Vive.
Kirsch, i. d' Lavater.
E Kosiki, i. d' Lavater.
E Ladislas, i. d' Reynolds.
Lancette, i. d' Gontran (p. s.).
E Lavoisier, i. d' Nicanor.
E Leader, i. d' Quinola.
E Limier, i. d' Pretty-Boy (p. s.).
Lincoln, i. d' J'y-Songerai.
E Louvigny, i. d' Palatin.
Lucile, i. d' Lavater.
Lurette, i. d' Lavater.
E Lustucru, i. d' Lavater.
Lutine, i. d' Lavater.
Malplaquet, i. d' J'y-Songerai.
Mandarine, i. d' The Heir-of-Linne (p. s.).
Manchette, i. d' Lavater.
E Marcassin (2), i. d' Lavater.
Marceau, i. d' Télémaque.
E Marcheur, i. d' Lavater.
Marin, i. d' Lavater.
Message, i. d' Qui-Vive.
Mimosa, i. d' Reynolds.
Minerve, i. d' Pretty-Boy (p. s.).
Minette, i. d' The Heir-of-Linne (p. s.).
E Moab, i. d' Lavater.
E Morvan, i. d' Josaphat.
E Mont-Cenis, i. d' Quid-Juris (p. s.).
E Montigny, i. d' Ignoré.
E Nag, i. d' Lavater.
E Nantes, i. d' Mars.
E Narquer, i. d' Carnavalet.
Nelly, i. d' Egesippe.
E Newmarquet, i. d' Lavater.
E Neriglissal, i. d' Ugolin.
Niobé, i. d' Noirmont.
Niniche, i. d' Télémaque.
Nisquette, i. d' Lavater, v. p. 224.
E Non, i. d' Lavater.
E Nonobstant, i. d' Gabier (p. s.).
Normande, i. d' Pretty-Boy (p. s.).
Normande, i. d' Noirmont.
E Novateur, i. d' Lavater.
E Nicomède, i. d' Mars.
Nizam, i. d' Gabier (p. s.).
Nubian, i. d' Ignoré.
Oasis, i. d' Lozenge (p. s.).
Obus, i. d' Domino-Noir.
Odalisque, i. d' Noirmont.
Odette, i. d' Lavater.
E Oignon, i. d' Télémaque.
Olga, i. d' Quickly.
E Olim, i. d' Lansborn.
E Onyx ex Obus, i. d' Domino-Noir.
Opale, i. d' Orphée.
Orpheline, i. d' Pretty-Boy (p. s.).
Ouvrière, i. de Prudente (p. s.).
Partenaire, i. d' Lavater.
Sophie, i. d' Quality.
Tapageuse i. d' Uzerche.

---

(1) Immortel, R., 1886, gagnant à 3 et 4 ans de 10,290 fr. — R. 1' 41". Acheté 10,000 fr. à M. de Basly, E. à Cluny.

(2) Marcassin, Bb., 1890, gagnant à 3 ans de 3,625 fr. — R. 1' 38", E. au Pin.

CONQUÉRANT. B. — 1.59. — 1858 (approuvé).

M. Basly, 1862 ; HN., 1863 ; M. Aumont, 1864-66 ; HN., 1867-80.

Kapirat	Voltaire.	Impérieux.	Y. Rattler.
			N. par Volontaire.
		La Pilot.	Pilot.
			N. par Bacha.
	N.	The Juggler.	Wamba.
			Pantechnetheca.
		N.	Y. Topper.
			N. par Cleveland.
Élisa . . . . . (v. p. 222).	Corsair	Knox's Corsair.	
		N.	Cleveland.
	Élise	Marcellus	Selim.
			Briseis.
		La Panachée	D. I. O.
			N. par Matador.

Né chez M. Joseph-Lafosse, à Saint-Côme-du-Mont (Manche).

1881 a gagné . . . . 5,950 fr.

Acheté à M. de Basly.

Le Pin : 1862-80.

Sommes gagnées par ses produits :

1869	13,600 fr.	1880	45,900 fr.
—70	11,300	—81	21,400
—71	16,700	—82	65,630
—72	31,950	—83	39,060
—73	46,270	—84	27,170
—74	35,420	—85	23,825
—75	27,212	—86	11,350
—76	37,750	—87	10,750
—77	42,595	—88	6,035
—78	56,612	—89	15.465
—79	53,340	—90	27,720

1891. . . . . 10,710 fr.

NOTA. — A citer au nombre des meilleurs produits de Kapirat : Conquérant (1858) ; Gall (1862) issu d'une Sir Henri ; Kapirat II (1866) issu d'une Perfection.

Productions de CONQUÉRANT:

Airelle, i. d' T. N. Phœnomenon.
Anita, i. d' Usager, v. p. 29.
Aspirante, i. d' Telegraph.
E Athos, i. d' Galba.
Avenir, i. d' Sincerity.
Baïonnette, i. de Victoire (p. s.).
Balsamine, i. d' Irlandais.
E Beaugé, i. d' Ambition, v. p. 22.
Bécassine (1), i. d' Sultan.
Belle-de-Nuit.
Bengali (2), ex Gringalet, i. d' j. américaine.
Be Quick, i. d' Tamberlick (p. s.).
Bijou, i. d' Oribe.
Bosnie.
Cancan.
Cantinière, i. d' j. anglaise.
Capucine (3), i. de Fortuna (p. s.), v. p. 106.
Carabin.
E Carnaval, i. d' Bassompierre.
E Carnavalet, i. d' Eclipse.
Cendrillon, i. d' T. N. Phœnomenon, v. p. 25.
Championne, i. d' Champion.
Chevrette, i. de Bruyère.
Chifonnette, i. de Ponnette.
Clochette, i. d' Esculape.
Cocotte.
Corine, i. de Fridoline.
Colchique.
Comtesse.
Conquérante, i. d' Esculape.
Conquête (4), i. d' Inkerman.
Conquête, i. d' Niger.
Courtisane, i. d' T. N. Phœnomenon, v. p. 82.
Dalilah, i. d' Brocardo (p. s.).
Déborah, i. d' Centaure.
E Dégagé, i. d' Eclipse (app.).
Dépêche.
Destinée, i. de Impériale.
E Dictateur, i. d' Usbekyeh, v. p. 49.
Directeur, i. d' Eclipse.
Diva (5), i. d' Sultan.
Djelma, i. d' Noteur.
Docteur, i. d' Eclipse.
Duchesse.
Eclair, i. de Esméralda (p. s.).
Eclaireur, i. de Flamboyante.
Esbroufette, i. d' Beau-Soleil (p. s.).
Espérance, i. d' Telegraph.
Fanfare, i. d' Français.
Faribole, i. d' Vladimir.
Fior d'Aliza, i. d' Général.
Fitz-Conquérant, i. d' Général.
Fleurette, i. d' The Nemrod.
Forban, i. d' Eclipse.
Galathée (6), i. d' Schamyl (p. s.).
Girandole, i. d' Vladimir.
Glorieuse, i. d' Ignace.
Grenade, i. d' Fire-Away.
Guipure, i. de Royauté (p. s.).
E Harmonica, i. d' j. anglaise.
Harmonie, i. d' Thorigny.
E Héros, i. d' Sincerity.
Hirondelle, i. d' Clair de Lune.
E Ibis, i. d' Ventrebleu.
E Ibrahim, i. d' Performer.
Indiana.
E Indiscret, i. d' Ramsay.
E Intrépide, i. d' Unau.
Iris.
Jeanne-d'Arc (7), i. d' The Heir-of-Linne (p. s.).
Julie.
E Kilomètre, i. d' T. N. Phœnomenon, v. p. 114.
La Belle Miss-Shara, i. d' J'y-Songerai.
La Furia.
La-Maine (8), i. de La Valette.
E Lilas, i. d' Printemps.

(1) Bécassine, B., 1868, mère de: Virago, Exilée, Virago II, Jason III et de Déception.
(2) Bengali, G., 1868, gagnant de nombreuses courses.
(3) Capucine, B., 1880, gagnante de 127,127 fr. — R. 1' 35" (voir l'origine de Fortuna, page 106).
(4) Conquête, A., 1864, gagnante à 4 et 5 ans de 12,350 fr. — R. 1' 45".
(5) Diva, A., 1876, gagnante à 3 et 4 ans de 7,783 fr. — R. 1' 50".
(6) Galathée, A., 1870, issue de Bayadère par Schamyl (p. s.), gagnante à 3 et 4 ans de 6,550 fr.
(7) Jeanne d'Arc, A., 1876, issue d'une The Heir-of-Linne, mère de Impétueuse (Valencourt).
(8) La Maine, B., 1875, gagnante à 3, 4 et 5 ans de 11,735 fr. — R. 1'45".

Productions de CONQUÉRANT:

Lion.
Longchamps.
Mme Angot.
Mlle de Mondeville (1), i. d' T. N. Phœnomenon.
Mlle de Rabut.
Mariette, i. d' Shales.
Marjolaine, i. d' Carignan.
Matipha, i. d' The Heir-of-Linne (p. s.).
E Memento, i. d' Lucain.
E Mercure, i. d' Telegraph.
Mina, i. d' j. anglaise.
Miss-Black, i. de Tardive.
Mont d'Or.
E Montmorency, i. d' Bavent.
Négociant, i. de Rebecca.
Nemrod, i. de Fridoline.
Noisette, i. d' Y-Phœnomenon.
Normandie, i. d' Cambacérès.
Nuage.
Océan.
Officieuse, i. de Lady-Crampton.
Old-England.
Olga, i. d' Pretender.
Olympien.
Orange, i. d' The Nemrod.
Orbitello, i. de Norma.
E Ornement, i. d' Brocardo (p. s.).
Orpheline (2), i. de Bayadère.
E Otage, i. d' Performer.
Paquerette (3), i. d' The Heir-of-Linne (p. s.).
Parfumeuse, i. d' The Nemrod.
E Passe-Partout, i. de Mina.
Pastourelle, i. d' Othon.
Patte de Velours (4), i. d' j. anglaise.
Perle-Fine, i. de Bienvenue (p. s.).
Perlette (5), i. d' T. N. Phœnomenon.
Pervenche, i. d' The Heir-of-Linne, v. p. 191.
Pichenette, i. d' j. anglaise.
E Plaisir des Dames (6), i. d' Othon.
Pomme d'Api, i. d' Conquérant, v. p. 119.
Postillon, i. de Imperia.
Poulette, i. d' Fil-en-Cinq.
Primitif, i. de Lady-Crampton.
E Producteur, i. d' Armateur (app.).
E Quaker, i. d' Impérial.
Quibus, i. de Lady-Crampton (anglaise).
Quidam, i. d' Carignan.
E Quinola, i. d' Schamyl, v. p. 167.
Quinte-Curce, i. d' j. normande.
E Quintilien, i. de Brebis.
Rapide, i. d' Y.
Rébecca (7), i. d' j. américaine.
Rebus, i. de Lady-Crampton (anglaise).
E Regret, i. d' Stoker (p. s.) (app.).
Regrettée, i. d' Tamberlick (p. s.).
Reine des Prés, i. d' Volta.
Réjane, i. de Cendrillon.
Réjoui, i. de Lavalette.
Réséda, i. d' Eclipse.
Revolver, i. d' Fire-Away.
Révolvine.
E Reynolds, i. d' Succès, v. p. 173.
Rigolette III, i. d' Coleraine.
Rigolette IV, i. d' Coleraine.
E Rivoli, i. d' Coleraine, v. p. 176.
Roquelaure, i. de Bayadère.
Rose Bird, i. d' Valdemar.
Rosière, i. d' Perruquier.
E Rustique, i. d'Y (8).
Saint-Victor, i. d' Ouvrier, v. p. 84.
Sans-Gêne, i. d' Carignan.
Sans-Tache, i. d' Impérial.
Sarah, i. d' J'y-Songerai.
E Saturne, i. de Victoire (p. s.).
Sentinelle, i. d' Brocardo (p. s.).
Sérénade, i. d' Français.

(1) Mlle de Mondeville, B., 1875, gagnante à 3, 4 et 5 ans de 8,985 fr. — R. 1' 44".
(2) Orpheline, A., 1871, gagnante à 3 ans de 6,350 fr. — R. 1' 53".
(3) Paquerette, B., 1873, gagnante à 3, 4 et 5 ans de 14,720 fr., v. p. 191.
(4) Patte de Velours, R., 1873, gagnante à 3, 4 et 5 ans de 7,700 fr. — R. 1' 47".
(5) Perlette, Bb., 1871, propre sœur de Kilomètre, v. p. 114.
(6) Plaisir des Dames, Bb., 1871, gagnant à 3 ans de 7,600 fr. — R. 1' 52", E. à Villeneuve-sur-Lot.
(7) Rébecca, C., 1870, gagnante à 3 et 4 ans de 8,400 fr., mère de Destinée, par Noville, v. p. 150.
(8) Rustique, Bb. 1873, E. à Cluny, est le père de Elégante gagnante à Rouen en 1' 35".

Productions de CONQUÉRANT :

E Serpolet-Rouan, i. d' Confidence, v. p. 181.
E Socrate, i. d' Printemps (app.).
Songe II, i. d' The Heir-of-Linne (p. s.).
Soubrette, i. d' Hidalgo.
Source (1), i. d' Succès.
Soyeuse, i. d' Illico.
Sultane, i. d' Jericko.
Suzette, i. d' Usager.
Sylphide, i. d' Vlademay.
Sylvia, i. d' Schamyl (p. s.), v. p. 19.
Taillebourg, i. d' Succès, v. p. 173.
Talisman (2), i. de Esméralda (p. s.).
E Talma, i. d' Stoker (app.).
E Tempête, i. d' Abrantès.
Tentateur (3), i. d' Sultan.
Tentative (4), i. d' Sultan.
Topaze, i. d' Ouvrier.
E Trajan, i. d' J'y-Songerai.
Tricoteuse, i. de Pastourelle.
Trompette, i. d' Hunter.
Tyrolienne, i. de Etoile-Filante.
Ubicus, i. d' Beau-Soleil (p. s.).
Uniforme, i. d' Prétender.
E Uriel, i. d' Succès, v. p. 199.
Urville (5) i. de Esméralda (p. s.).
Van-Dick, i. d' Felin.
Vasco (6), i. d' Elu.
Vaucresson, i. de Tardive.
Victoire, i. d' Vice-Roi.
Vincent, i. d' Alice (p. s.).
Violette, i. d' Jactator ou d'Y. Ambition.
Virginie (7), i. d' T. N. Phœnomenon.
E Vivarus, i. d' Felin.
E Voila, i. d' Pretender.
Volapuck, i. de Tardive.
Volontaire (8), i. d' J'y-Songerai.
E Volta, i. d' Pretty-Boy (p. s.).
Voltigeur, i. d' Extase.
Yvonne (9), i. d' Felin.
Zaïne (10), i. d' Carignan.

NOTA. — Y. Rattler, le grand ancêtre de Conquérant, occupe une place si prépondérante dans la formation de notre race trotteuse qu'il est intéressant d'étudier son origine. D'après l'ouvrage de M. du Hays, l'*ancien Merlerault :*

« Né en Angleterre en 1811 il avait pour père Rattler et pour mère une « Snap mare. Rattler lui-même était par Old Rattler et une Snap mare. »

Quelques hippologues ont attribué à cette consanguinité dans son origine maternelle, la constance pour ainsi dire mathématique avec laquelle il transmettait son cachet à toute sa descendance (Note de M. A. Ollivier, inspecteur général des Haras, dans une brochure sur *les familles chevalines anglo-normandes).*

---

(1) Source, B., 1868, gagnante à 3, 4 et 5 ans de 8,500 fr.
(2) Talisman, B., 1875, gagnant à 3, 4, 5 et 6 ans de 12,200 fr.
(3) Tentateur, A., 1875, gagnant à 3, 4 et 5 ans de 42,100 fr. — R. 1' 40".
(4) Tentative, A., 1866, i. de Sultane, gagnante en courses de 34,480 fr.
(5) Urville, B., 1876, gagnant à 3 et 4 ans de 5,710 fr.
(6) Vasco, B., 1877, gagnant à 3 et 4 ans de 8,975 fr.
(7) Virginie B., 1873, gagnante à 3, 4 et 5 ans de 3,750 fr. — R. 1' 51".
(8) Volontaire, B., 1877, gagnant à 3 et 4 ans de 7,875 fr.
(9) Yvonne, Bb., 1875, gagnante à 3, 4 et 5 ans de 15,105 fr. — R. 1' 44".
(10) Zaïne, Bb., 1871, mère de Colporteur, Baptiste-Lemore, Drôle-de-Corps, etc., v. p. 36.

CONTENT-EX-JOVIAL. B. — 1.59. — 1886. HN.

Hippomène	Bagdad	West-Australian	Melbourne.
			Mowerina.
		Young-Lady	Ionian.
			Prétendante.
	Barbe d'or	Mogador	Hlavie (arabe).
			N. par Spy.
		N.	Y. Phœnomenon.
Mademoiselle de Ste Opportune (1).	Rivoli	Conquérant	Kapirat.
			Elisa.
		N.	Coleraine.
	Jarnicoton (2)	T. N. Phœnomenon.	Old Phœnomenon.
			j. anglaise.
		N.	Schamyl.
			N. par Condé.

Né chez M. Castel, à Sainte-Opportune (Eure).

1889	a gagné	450 fr.	11,385 fr.
—90	—	10,935	

Vitesse 1889, Vincennes, 1' 45".
— —90, — 1' 39".

Acheté à M. Lemonnier. . . . . . 11,000 fr.

Le Pin : 1891.

---

(1) Mademoiselle de Ste-Opportune, N., 1882, a produit :

1886 Content.
—89 Rayon-d'Or, par Oronte.
—91 Nelly, par Oronte.

(2) Jarnicoton, N., 1867, a produit :

1879 Brillante, par Blenheim (p. s.) ou Noville.
—82 Mademoiselle de Ste-Opportune, par Rivoli.
—83 Fatinitza, par Rivoli.
—89 Romulus, par Réussi (p. s.).

COQ-A-L'ANE. Bb. — 1.58. — 1880 (approuvé).

M. de Basly.

Lavater. . . .	Y. ou Crocus	E. du Norfolk.	
	Candelaria	j. anglaise.	
Allumette (1).	The Heir-of-Linne. .	Galaor	Muley-Molock. Darioletta.
		Mrs Walker	Jereed. Zingance mare.
	Kindler	Eylau.	Napoléon. Delphine par Massoud.
		Kindler.	

Né chez M. Yver de la Vigne Bernard, à Saint-Martin-de-Bonfossé (Manche).

1883-84-85 a gagné. . . . . 7,310 fr.

Vitesse 1883, Vincennes, 1' 48".

— —84, — 1' 44".

Pont-l'Évêque : 1886-89. Haras de la Chesnée : 1896.

SOMMES GAGNÉES PAR SES PRODUITS :

1890	6,011 fr.	1892	7,190 fr.
—91	18,780	—93	15,879

1894 . . . . 11,287 fr.

---

(1) Allumette, B., 1872, gagnante à 3 et 4 ans de 5,100 fr. — R. 1' 46", a produit :

1879 Bravade, par Lavater, gagnante à 3 et 4 ans de 5,100 fr. — R. 1' 46".
—80 Coq-à-l'Âne.
—83 Flamme, par Lavater, gagnante à 3 ans de 450 fr. — R. 1' 51".
—85 Hallali, par Lavater, gagnant à 3 ans de 2,493 fr. — R. 1' 45", E. à Saint-Lô.
—86 Inspecteur, par Lavater.
—87 Jacquet, par Lavater, gagnant à 3 ans de 3,265 fr. — R. 1' 42". Acheté 7,000 fr., E. à La Roche-sur-Yon.
—88 Kindler II, par Lavater.
—89 Loup-Garou, par Fontenay, gagnant à 3 ans de 3,000 fr. — R. 1' 43". Acheté 13,000 fr., E. à Saintes.
—90 Médine II, par Fontenay, gagnante à 3, 4 et 5 ans de 37,712 fr. — R. 1' 35".
—91 Nizam, par Fontenay, gagnant à 3 ans de 6,460 fr. — R. 1' 41". Acheté 13,000 fr., E. au Pin.
—92 Ouf, par Fred-Archer, gagnant à 3 ans de 5,830 fr. — R. 1' 42". Acheté 20,000 fr., E. à Libourne.
—93 Pie-Margot, par Fontenay.

Productions de COQ-A-L'ANE :

Baccara, i. d' Avignon.
Bride-Abattue, i. d' Affidavit (p. s.).
Brinda, i. d' Bassompierre.
Espoir, i. d' Norfolk-Trotter.
Folichonne, i. d' Bassompierre.
E Jacques, i. d' Kilomètre.
Jane Gray, i. d' Rivoli.
Japette, i. d' Conquérant.
Jaseuse, i. d' Normand.
E Jean-de-Nivelle (1), i. d' Conquérant.
Jean Nicot, i. de Miss-Harper.
Jongleuse, i. d' Brocardo (p. s.).
Kali, i. d' Ignace.
Kaoline, i. d' Conquérant.
E Kapilat, i. d' Conquérant.
E Khalif-Bey, i. d' Norfolk-Trotter.
Korrigane, i. d' Valencourt.
Lancelot, i. d' Sincerity.
Lameck, i. d' Palm.
Lady-Jane, i. d' j. anglaise.
Lassay, i. d' Rivoli.
La Veine (2), i. d' Normand.
Léonar II, i. d' Nomen.
Lisieux, i. d' Conquérant.
Louvetier, i. d' Cambacérès.
Malouine, i. d' Conquérant.
Mazurka, i. d' Noville.
Matraque, i. d' Normand.
Monarque (3), i. d' Rivoli.
Mutine, i. d' Hippomène.
Nadia, i. d' Réussi (p. s.).
Nautilus, i. d' Normand.
Nébuleuse, i. d' Ulrich.
Néva, i. d' Express.
Nique, i. de Bachelette.
Nitouche, i. d' Valencourt.
No-God, i. d' Tigris.
Noilly-Prat, i. d' Norfolk-Trotter.
E Nomazy (4), i. d' Habile.
E Nuremberg, i. d' Normand.
Occasion (5), i. de Orpheline.
Oui-da, i. d' Quatre-Cents.
Pistole.
Printanière, i. d' Palm.
Quibet, i. d' Bonnaire.
Roland, i. de Coquette.
Y. i. d' Norfolk-Trotter.

---

(1) Jean-de-Nivelle, Bb., 1887, gagnant à 3 et 4 ans de 12,630 fr. — R. 1' 39".
(2) La Veine, B., 1889, gagnante à 3 et 4 ans de 11,045 fr. — R. 1' 37", à Levallois.
(3) Monarque, B., 1890, gagnant à 3, 4 et 5 ans de 13,239 fr. — R. 1' 41".
(4) Nomazy, Bb., 1891, gagnant à 3 ans de 7,977 fr. — R. 1' 42", E. au Pin.
(5) Occasion, Bb., 1887, gagnante à 3 et 4 ans de 4,466 fr. — R. 1' 43".

CORLAY. R. — 1.57. — 1872. HN.

Flyng-Cloud. .	Norfolk, né en Angleterre.		
Thérésine . . .	Festival.	Nuncio	Plenipotentiary. Ally par Partisan.
		Bienséance	Friedland. Miss-Ann par Figaro.
	N.	Craven	Girofle. Mab par Ducan-Grey.
		N.	Lally.

Né chez M. Poèzevera, à Canihuel (Côtes-du-Nord).

1875 a gagné. . . . 5,550 fr.

Vitesse 1875, Toulouse, 1' 45".

Acheté à M. Leroux. . . . . 10,000 fr.

Lamballe : 1876.

SOMMES GAGNÉES PAR SES PRODUITS :

1880	150 fr.	1887	24,731 fr.
—81	4,580	—88	22,211
—82	16,500	—89	16,554
—83	11,650	—90	9,070
—84	17,530	—91	6,220
—85	14,193	—92	12,458
—86	16,885	—93	11,054

Productions de CORLAY :

Apologe, i. d' Midiothan.
E Atao, i. d' Emeutier.
Attendez-moi, i. d' Pactole.
Bagatelle (1), i. d' Lancastre.
Belette, i. de Lisette.
Belle-Etoile (2), i. d' Lancastre.
Bihanique, i. d' Gouvieux (p. s.).
Biniou, i. d' Gouvieux (p. s.).
Biscoat, i. d' Emeutier.
E Cadelac, i. d' Bayard.
E Calvin, i. d' Bacchus.
E Carême, i. d' Emeutier (app.).
Césarine, i. de Béatrix.
Christina (3), i. de Havanaise.
Couentine, i. d' Gouvieux (p. s.).
Diaouless (4), i. d' Bréhan.
Echanson, i. d' Emeutier.
Epi d'or.
Fadaise, i. d' Bacchus.
E Feu-Follet, i. d' Omega.
Fleur d'Epine, i. d' Bacchus.
Fleur de Rose, i. de Fiorella.
E Ganache, i. d' j. de 1/2 sang.
Gladi, i. d' Gouvieux (p. s.).
E Glazard (5), i. d' Krestoffski.
Guidon, i. de Sans-Façon.
E Grippe-Sou, i. d' Patrocle.
E Guignol, i. d' Brandy-Face (p. s.).
Halte-Là, i. d' Lancastre.
Harriett, i. d' Pretender.
Hastafo, i. de Patience.
Henriette, i. de Coquette.
Hercule (6), i. d' Krestoffski.
Héros, i. de Petite-Reine.
E Ilhan, i. d' Quidanny.
E Inachus ex Iroquois, i. d' Quidanny.
Jardinier, i. d' Krestoffski.
Julie.
Kainhuelle, i. de Cybèle.
Kerflech, i. d' Tyrsée.
Kerhic, i. d' Krestoffski.
Klevenez, i. d' Patrocle.
Lady, i. de Surprise.
Léonie, i. d' Bacchus.
Liliane, i. de Lea.
Luron, i. d' Krestoffski.
Madelon, i. d' Chassenon.
Marda, i. d' Brehan.
Marguerite, i. d' Lancastre.
Marine, i. d' Marin.
E Martial, i. d' Krestoffski.
Méningette, i. de Berteline.
Mina, i. d' Marin.
Miss Corlay, i. d' j. de la guerre.
Néron, i. de Géante.
Noisette, i. d' Augias.
Obélisque, i. d' Parthénon.
Pénitence, i. d' Gouvieux (p. s.).
Rapide, i. d' Kerim.
Réséda, i. d' Beauvais.
Robinson, i. d' Kerim.
Sertic, i. d' Gouvieux (p. s.).
Vermouth, i. d' Gouvieux (p. s.).
E Voltaire, i. d' Bacchus, v. p. 201.
Xercès, i. d' Bacchus.
E Yarloc (7), i. d' Kapirat II.

---

(1) Bagatelle, G., 1879, issue de Turnepte, par Lancastre, gagnante de 11,655 fr.
(2) Belle-Etoile, R., 1881, issue de Turnepte, par Lancastre, gagnante de 10,460 fr. — R. 1' 38".
(3) Christina, R., 1882, gagnante à 3 ans de 4,603 fr.
(4) Diaouless, G., 1881, gagnante à 3, 4 et 5 ans de 11,635 fr. — R. 1' 45".
(5) Glazard, G., 1884, gagnant à 3 et 4 ans de 16,736 fr. — R. 1' 46", au Pin, E. à Lamballe depuis 1889.
(6) Hercule, G., 1885, gagnant de 31,000 fr. — R. au Pin, 1' 39".
(7) Yarloc, R., 1889, issu de Brunette par Kapirat II, gagnant à 3 ans de 1,640 fr.

DAGUET (1), Bb. — 1.65. — 1881 (approuvé).

M. Boulnois, 1886-92. — M. Luzin-Bouvry, 1893.

Normand . . .	Divus	Québec	Ganymède.
			N. par Voltaire.
		N.	Electrique.
	Balsamine	Kapirat	Voltaire.
			N. par The Juggler.
		La Débardeur	Débardeur.
Sans-Tache . .	Hick	Merlerault ou Centaure	Séducteur.
			N. par Merlerault.
		N.	Tipple-Cider.

Né chez M. Grenier, à Bavent (Calvados).

1884 et 1885 a gagné. . . . . 1,125 fr.

Sarcus : 1886-92.

Crépy-en-Laonnais : 1893.

Sommes gagnées par ses produits :

1891	14,315 fr.	1893	20,795 fr.
—92	15,686	—94	9,445

---

(1) Daguet a obtenu des prix aux Concours Régionaux de Laon, Melun, Amiens et Arras.

Productions de DAGUET :

Kairouan, i. d' Noville.
Kara, i. d' Oriflamme.
Ketmie.
King, i. d' Noville.
Kino, i. de Stella.
Kirsch (1), i. d' Quintilien.
Knout, i. d' Gabier (p. s.).
Lady, i. de Varvotte.
La Goulue, i. d' Vésuve.
Lancette, i. d' Quintilien.
Lancier, i. de Florella.
Lansquenet, i. de Marquise.
Levrette, i. d' Quintilien.
E Libertin (2), i. d' Mardochée.
Lichen, i. d' Gabier.
Lieutenant, i. d' Iris (p. s.).
Linotte, i. d' Vésuve.
Major, i. d' Serviteur.
Marjolain, i. d' Gabier.
Marjolaine, i. de Fanchette.
Microbe (3), i. d' Vésuve.
Mignonne.
Mimosa, i. de Mauresque (p. s.).
Miss-Bell, i. de Hysope.
Navette, i. d' Noville.
Noyau (4), i. d' Vésuve.
Porthos.
Stella, i. de Aïda.

---

(1) Kirsch, Bb., 1888, gagnant à 3, 4, 5 et 6 ans de 17,805 fr. — R. 1'40".
(2) Libertin, A., 1889, gagnant à 3, 4 et 5 ans de 10,000 fr. — R. 1' 43", E. à Hennebont.
(3) Microbe, A., 1890, gagnant à 3 et 4 ans de 5,020 fr. — R. 1' 45".
(4) Noyau, A., 1891, gagnant à 3 ans de 5,945 fr. — R. 1' 45".

DICTATEUR. Bb. — 1.62. — 1878 (approuvé), Duc de Narbonne.

Conquérant	Kapirat	Voltaire	Impérieux.
			La Pilot.
		N.	The Juggler.
			N. par Y. Topper.
	Élisa	Corsair	Knox's Corsair.
			N. par Cleveland.
		Élise	Marcellus.
			La Panachée.
Libertine (1)	Usbékyeh	Kohelan.	
		Arabe.	
	Brunette	T. N. Phœnomenon	Old Phœnomenon.
			anglaise.
		Tamisienne	Performer.
			Zaïre par Napoléon.

Né chez le Duc de Narbonne, à la Roche-Nonant (Orne).

1881 a gagné	13,255 fr.		62,912 fr.
—82 —	31,230		
—90 —	16,527		
—91 —	1,900		

Vitesse 1881, Le Pin, 1' 48".
— —82, Caen, 1' 39".
— —90, Rouen, 1' 38".

Haras de la Roche-Nonant : 1883-89. Ecouché : 1895.

SOMMES GAGNÉES PAR SES PRODUITS :

1887	6,053 fr.	1890	10,887 fr.
—88	13,422	—91	4,825
—89	14,867	—92	2,390

(1) Libertine est la mère de Ximènes (par Noteur). — E. au D. du Pin.

Productions de DICTATEUR :

Brigantine, i. d' Niger.
Dictatrice, i. d' Niger.
Emir, i. d' Saint-Rigomer.
Epernay. i. d' Niger.
Frégatte, i. d' Galba.
Gallia, i. d' Phaéton.
Gauloise, i. d' Orphée.
Gazelle, i. d' Conquérant.
Gelinotte, i. d' Marx.
E Gil-Perès, i. d' Niger.
Girandole, i. d' Niger.
Girl-The-First, i. d' Trotting-Rattler.
Glaneuse, i. d' Condé, v. p. 60.
Glorieux, i. d' Saint-Rigomer.
Grelot, i. d' Niger.
Grenade, i. de Cravache (p. s.).
E Grogny (1), i. d' Niger.
Guidon, i. d' Ignace.
Habit-Noir, i. d' Jactator.
Hachette-Jeanne, i. d' Marx, v. p. 100.
E Hallencourt, i. d' Niger.
E Hameçon, i. d' Elu.
Havanne II, i. d' Sérenader.
Havre-Sac, i. d' Gaulois.
E Hector, i. d' Niger.
Helder, i. d' Parthénon.
Herbette, i. d' Gall.
Hermine IV, i. d' Oronte.
Herminie, i. d' T. N. Phœnomenon.
Héroïne, i. d' Phaéton.
Héros, i. d' Normand.
Hirondelle, i. d' Centaure.
E Indret ex Lambrequin, i. d' Oriental.
Irène, i. d' Niger.
Ita-Est (2), i. d' Niger.
Jacinthe, i. d' Conquérant.
Janina, i. d' Niger.
Jardinière, i. d' Conquérant.
Jattick, i. d' Niger.
Javeline, i. d' Kilomètre.
Jongleur, i. d' Eclipse.
Judith, i. d' Affidavit (p. s.).
Jouteur V, i. d' Niger.
Jouvencelle, i. d' Gaulois.
E Jujube, i. d' Kilomètre.
E Kalback, i. d' Centaure.
E Kangiar, i. d' Conquérant.
Karga, i. d' Gall.
Karloman, i. d' Eclipse.
Kartoum, i. d' Apis.
Khiva, i. d' Abederham.
Killerine, i. d' Noteur.
Knout, i. d' Niger.
Latone, i. d' Centaure.
Lauretta, i. d' Normand.
Léda, i. d' Niger.
Le Rapide, i. d' Noville.
Limonade, i. d' Eclipse.
Lisette, i. d' Rivoli.
Livie, i. d' Conquérant.
Mlle de Grogny, i. d' Niger.
Marjolaine, i. d' Marx.
Marquise, i. d' Parthénon.
Mimosa, i. d' Conquérant.
Nanine, i. d' Conquérant.
Nelly, i. de Ethel-Maries (p. s.).
Novice, i. d' Conquérant.
Odette, i. d'Y. Quick-Silver.
Œil-de-Bœuf, i. d' Phaéton, v. p. 134.
Olympia, i. d' Edhen (p. s. a.).
Orphée (3), i. d' Lavater.
Polka, i. d' Telegraph.
Réfléchie, i. d' Corsair.
Violette, i. d' Niger.

---

(1) Grogny, Bb , 1884, gagnant à 3 et 4 ans de 4,175 fr. — R. 1' 44", E. à Cluny. Acheté 10,000 fr. à M. Coulombe.

(2) Ita-Est, Bb., 1886, gagnant à 3, 4, 5 et 6 ans de 6,830 fr. — R. 1' 37".

(3) Orphée, B., 1885, issu de Capucine, par Lavater, gagnant à 3 et 4 ans de 5,650 fr. — R. 1' 42.

DOMINO-NOIR. N. — 1.62. — 1881. HN.

Lavater	Y. ou Crocus	E. du Norfolk.	
	Candelaria	j. anglaise.	
La Pastourelle (1) (1871).	Pace	Caterer	Stockwell. Selina.
		Lady Trespass	Birdcatcher. Stolen-Momento.
	Alice (1852).	Muley-Moloch	Muley. Nancy.
		Days of Yore	Old England.

Né chez M. Viel, à Ruqueville (Calvados).

1884 a gagné. . . . . 15,175 fr.

Vitesse 1884, Le Pin, 1' 44".

— Caen, 1' 44".

Acheté à M. A. Viel . . . . 15,000 fr.

Saint-Lô : 1885.

SOMMES GAGNÉES PAR SES PRODUITS :

1889 . . . . 5,500 fr.
—90 . . . .
1891 . . . . 1,400 fr.
—92 2,600
1893. . . . . 1,100 fr.

(1) Pastourelle, B., 1871, a produit :

1881 Domino-Noir.
—83 Fumichon, par Lavater.
—86 Ingénu, par Lavater.
—87 Ritournelle, par Lavater.
—89 Lycurgue, par Fontenay, gagnant à 3 ans de 9,610 fr. — R. 1' 43", E. à Angers.
—90 Hirondelle, par Fontenay.
—93 Estafette, par Hugues.
—94 Aurore, par Lance-à-Mort.

Productions de DOMINO-NOIR :

Aigrette, i. d' Kapirat.
Black-Jack, i. d' Torticolis.
Dominante, i. d' Pretty-Boy (p. s.).
Dominée, i. d' Ignorée.
Espérance, i. d' Norfolk-Hero.
Gazelle, i. d' Norfolk-Hero.
Guirlande, i. d' Holback.
Ida, i. d' Normand.
Important, i. d' Sidi (p. s.).
E Indiscutable, i. d' Lans-Boin.
E Indus, i. d' Sidi (p. s.)
Interlope, i. d' The Heir-of-Linne (p. s.).
Isaure, i. d' Orphée.
Ischia, i. d' Normand.
Isis, i. d' Conquérant.
Ivan, i. d' Reynolds.
Jais, i. d' Crocus.
Janissaire, i. d' Reynolds.
Jarnicoton, i. d' Conquérant.
Jeannette, i. d' Orphée.
Jean-Pierre, i. d' Noville.
Jubine, i. d' Rigolo.
E Juré ex Joinville, i. d' Pretty-Boy (p. s.).
Kermesse, i. d' Reynolds.
E Keyvon, i. d' Kabin.
Kiesmy, i. d' Conquérant.
Kindly, i. d' Kabin.
E King, i. d' Holback.
Korrigane, i. d' Upas.
Ladislas, i. d' Contrôleur.
E Lama, i. d' Sir-Edwin-Landseer.
E Lancastre, i. d' Va-de-Bon-Cœur.
Lansquenet, i. de Formose (p. s.).
E Laon, i. d' Reynolds.
Laura, i. d' Rigolo.
Lauzun, i. d' Upas.
La Vire, i. d' Upas.
Léda, i. d' Normand.
Léonidas, i. d' Reynolds.
Lérida, i. d' The Heir-of-Linne (p. s.).
E Liban, i. d' Reynolds.
Liberté, i. d' Norfolk-Hero.
Madelon, i. d' Rigolo.
Mage, i. d' Abrantès.
Malaga, i. d' Quality.
Manahem, i. d' Kapirat.
Mandarine, i. d' Tancrède.
Marmotte, i. d' Reynolds.
Mireille, i. d' Souvenir.
Mon Louis, i. d' Tempête.
E Mon Trésor, i. d' Reynolds.
Mosquée, i. d' Orphée.
Moustique, i. d' Regnard.
Navarre, i. d' Colporteur.
E Niais, i. d' Colporteur.
E Nubien (1), i. d' Sir Edwin-Landseer.
Odette, i. d' Quid-Juris (p. s.).
E Oiry, i. d' Newton.
Olga, i. d' Orphée, v. p. 226.
Osbonne, i. d' Télémaque.
Pales, i. d' Conquérant.
Parfaite, i. d' Quickly.
Pastourelle, i. d' Pretty-Boy (p. s.).
Quartus, i. d' Shamrock.
Quenotte, i. d' Shamrock.
Quiroga, i. d' Shamrock.
Qui-Va-la, i. d' Shamrock.
Récompense, i. d' Reynolds.
Renommée, i. d' Reynolds.
Rosette, i. d' Quality.
Rosière, i. d' Orphée.
Rosita, i. d' Ignoré.
Vanille, i. d' Ray-Gras.
Zinah, i. d' Orphée, v. p. 226.

---

(1) Nubien est par Domino-Noir ou Follet.

DON-QUICHOTTE. N. — 1.63. — 1881. HN.

Tigris	Lavater	Y ou Crocus	E. du Norfolk.
		Candelaria	j. anglaise.
	Modestie	The Heir-of-Linne	Galaor.
			Mrs Walker.
		Négresse	Ugolin.
			N. par Lahore.
Etincelle (1)	Matchless II	Matchless	Willesdin.
		N.	Flying-Buck.
	Cora-Pearl	Pledge	Royal-Oak.
			N. par Y. Rattler.
		N.	issue d'arabe.

Né chez M. Coureul, à Mezidon (Calvados).

1884 a gagné	11,360 fr.	18,155 fr.
—85 —	6,795	

Vitesse 1883, Rouen, 1' 44".
— —85, Vincennes, 1' 43".

Acheté à M. Brion. . . . . 10,000 fr.
Le Pin : 1886.

SOMMES GAGNÉES PAR SES PRODUITS :

1890	100 fr.	1892	4,350 fr.
—91	11,825	—93	810

(1) Etincelle, B., a produit :

1881 Don-Quichotte.
—86 Italie, par Tigris, gagnante à 3, 4 et 5 ans de 16,864 fr. — R. 1' 41".
—88 Kaoline, par Tigris, gagnante à 3 et 4 ans de 36,577 fr. — R. 1' 39".
—89 Lyre, par Tigris, gagnante à 3 ans de 1,880 fr. — R. 1' 46".
—90 Marceau, par Tigris, E. à Rodez.

Productions de DON-QUICHOTTE :

Favori, i. d' Montfort (p. s.).
Irène, i. d' Conquérant.
Jeanne, i. d' Polkantchick.
Jeannette.
Jeannot, i. de La Baronne (p. s.).
Jérusalem, i. de Nubia (p. s.).
Jet-d'eau, i. d' Ruy-Blas.
Jelfir, i. d' j. anglaise.
Jouteur, i. d' Normand.
Juliette, i. d' Violent.
Jupiter, i. de Gipsy.
Kali, i. de Baronne (p. s.).
Karabée, i. d' Noville.
E Kasbath (1), i. d' Conquérant.
Kéota, i. de Rèche.
Kolyvan, i. de Milady.
Kombo, i. d' Normand.
Koran, i. d' Normand.
E Kotonou, i. d' Unorthodox.
Koubo, i. d' Normand.
La France, i. d' Phaéton.
Lagrave, i. d' Interprète.
E Lamaneur, i. d' Valère.
E Lameck, i. d' Rigolo.
Langouste.
Laurent, i. d' Montfort (p. s.).
Léda II, i. d' Niger.
Lenfant, i. d' Telegraph.
E Lescaut, i. de Baronne (p. s.).
E Liverpool, i. d' Quality.
Louise, i. d' Normand.
Luc, i. d' Cymbal.
Ma Coqueluche, i. de Energique (p. s.).
Mage, i. d' Saint-Rigomer.
Magnolia, i. d' Interprète.
Manus, i. d' Normand.
E Marabout, i. d'Interprète.
Marceau, i. d' Saint-Rigomer.
Marengo, i. d' Valère.
Mexico, i. d' Montfort.
Milan.
Mina, i. d' Phaéton.
Mirabelle, i. d' Strelitz (p. s.).
Nacelle, i. d' Sir Quid-Pigtail (p. s.).
Obus, i. d' Acquila.
E Orléans, i. d' Interprète.
Panama, i. d' Tigris.
Paulus, i. d' Beaurepaire (p. s.).
Petunia, i. d' Pledge.
Quenotte, i. d' Phaéton.
Saint-Médard, i. d' Giboyer.
Sans-Gêne, i. d' Jactator.
Séduisante, i. d' Normand.

(1) Kasbath, B., 1888, gagnant à 3 ans de 11,825 fr. — Record 1' 44". Acheté 9,000 fr. à M. Lebaudy.

ÉCHO. N. — 1 65. — 1882. HN.

Normand	Divus	Québec	Ganymède. N. par Voltaire.
		N.	Electrique.
	Balsamine	Kapirat	Voltaire. N. par The Juggler.
		La Débardeur	Débardeur.
Vilna (1)	Y.	T.N. Phœnomenon.	Old-Phœnomenon. Mecklembourgeoise.
		Henriette	Invincible. N. par Hunterman.
	Victoire, présumée de pur sang.		

Né chez M. B. Martinière, à Saint-Etienne-la-Thillaye (Calvados).

1885 a gagné. . . . . 1,200 fr.

Vitesse 1885, Flers, 1' 51".
— Caen, 2' 00".

Acheté à M. de Basly . . . . . 7,000 fr.
Le Pin : 1886.

Sommes gagnées par ses produits :

1890	3,330 fr.	1893	26,443 fr.
—91	6,770	—94	21,860
—92	17,173	—95	16,058

(1) Vilna a produit :

1875 Verveine, par Noville, mère de Fred-Archer, v. p. 73.
—82 Echo.
—83 Gisèle, par Niger.

Productions d'ÉCHO :

Cesny, i. d' Quinola.
Coquette, i. d' Gaulois.
Deliane, i. d' Valdempierre.
Ergoline (1), i. d' Sir-Quid-Pigtail (p. s.).
Fanchonnette, i. d' Kilomètre.
Jenny, i. d' Noville.
Jongleur II, i. d' Conquérant.
Jouvencelle III (2), i. de Délaissée.
Jules-César, i. d' Noville.
E Jussieu, i. d' Noville.
Kabylie, i. d' Valencourt.
Kacy, i. d' Marignan.
Kan (3), i. d' Polkantchick.
E Karata, i. d' Vladimir.
Katharina, i. d' Tigris.
King, i. d' Conquérant.
Knox, i. d' Tigris.
Koran, i. d' Palm.
Lackmé, i. d' Galba.
Ladislas, i. d' Valdempierre.
Laigle, i. d' Inkermann.
Laly, i. de Niniche.
Lama, i. d' Niger.
La Rille (4), i. d' Niger.
La Vallière, i. d' Dictateur.
La Veine, i. d' Apis.
Léa, i. d' Barrabas.
Léa, i. d' Noville.
Léonie, i. d' Uriel.
Lérida, i. d' Jactator.
London, i. d' Un.
Lubin, i. d' Gaulois.
Lumineuse, i. d' Un.
Ma Belle, i. d' Conquérant.
Mandarine, i. d' Conquérant.
Marie-Jeanne, i. d' Niger, v. p. 147.
Marie-Louise, i. d' Phaéton.
Mercédès, i. d' Un.
Merville, i. d' Nouvion.
Midas, i. d' Inkerman.
Mireille, i. d' Sir Quid-Pigtail (p. s.).
Mon Espoir, i. d' Gaulois.
Namour, i. d' Dictateur.
Narva, i. d' Norfolk-Trotter.
E Negus, i. d' Kilomètre.
Neigeuse, i. d' Barrabas.
Nero, i. d' Faust.
Nigelle, i. d' Edimbourg.
Nonette, i. d' Phaéton.
Nubienne, i. d' Dictateur.
Nubienne, i. d' Eclipse.
Ocana, i. d' Conquérant.
Oceana, i. de Bienvenue (p. s.).
E Ontario, i. d' Conquérant.
E Opérateur, i. d' Qui-Vive.
E Opticien, i. d' Noville.
Orientale, i. d' Tigris.
Parodie, i. de La Casaque.
Perce-Neige, i. d' Acquila.
Piou, i. d' Etendard.
Prompte, i. d' Etendard.
Rea, i. d' Niger.
Saint-Médard, i. d' Giboyer.
Ténébreuse, i. de Olga.
Terpsichore, i. d' Tigris.

(1) Ergoline, A., 1889, issue de Camélia, par Sir-Quid-Pigtail (p. s.) ou Barrabas, gagnante à 3, 4 et 5 ans de 66,706 fr. — R. 1' 33".
(2) Jouvencelle III, B., 1887, gagnante de 13,433 fr. — R. 1' 40".
(3) Kan, N., 1888 est par Écho ou Tigris, gagnant à 3 et 4 ans de 12,840 fr. — R. 1' 34".
(4) La Rille, A., 1889 est issue de Eglantine II, par Niger (mère de Néva, par Phaéton).

EDIMBOURG. Bb. — 1.63. — 1882. HN.

Serpolet-Bai. .	Normand	Divus.	Québec.
			N. par Electrique.
		Balsamine.	Kapirat.
			N. par Débardeur.
	Margot	Dorus.	Y. Rattler.
			N. par Prosélyte.
		N.	Introuvable.
			N. p. Royal-George.
Harmonie (1).	Abrantès	Pledge	Royal-Oak.
			N. par Y. Rattler.
		N.	Noteur.
	N.	Séducteur.	Noteur.
			N. par Fatibello.
		N.	Eylau.
			N. par Napoléon.

Né chez M. Boivin, à la Fresnaye (Sarthe).

1885 a gagné. . . . . 11,829 fr.

Vitesse 1885, Le Pin, 1' 45".
— Caen, 1' 45".

Acheté à M. Lallouet . . . 11,000 fr.
Le Pin : 1886.

SOMMES GAGNÉES PAR SES PRODUITS :

1890	25,630 fr.	1893	78,117 fr.
—91	24,138	—94	32,995
—92	48,840	—95	18,610

(1) Harmonie, B., 1873, a produit :

1879 Mademoiselle de Saint-Paul, par Hannon.
—80 Bonne-Mère, par Typique ou Phaéton, gagnante à 3, 4, 5, 6 et 7 ans de 36,990 fr. — R. 1' 37".
—81 Belle-Charlotte, par Phaéton, gagnant à 3 ans de 550 fr., v. p. 101.
—82 Edimbourg.
—86 Horticulteur, par Parthénon.

Productions d'EDIMBOURG :

Belle de Jour, i. d' Quiclet.
Bluette, i. d' Quiclet.
Gabrielle, i. d' Racoleur.
Gavotte, i. d' Phaéton.
Giselle, i. d' Taconnet.
Harmonie, i. d' Quiclet.
Hélice, i. d' Quiclet.
Hémistiche, i. d' Parthénon.
Hidalgo, i. d' Kapirat, v. p. 225.
Icarie (1), i. d' Phaéton.
Jacinthe (2), i. d' Phaéton.
Javanaise, i. d' Quiclet.
Jeannette, i. d' Niger.
Jéricho, i. d' Phaéton.
Jitomir (3), i. d' Phaéton.
E Jocrisse, i. d' Palanquin.
Jonas II (4), i. d' Niger.
Jonquille, i. d' Phaéton.
E Jouffroy, i. d' Taconnet.
Jouvence (5), i. d' Phaéton.
Joyeuse, i. d' Usquebac.
Kady, i. d' Niger.
Kairouan, i. d' Quiclet.
Kalmie, i. d' Phaéton.
Kasba, i. d' Taconnet.
E Kelat, i. d' Niger.
Kermes, i. d' Phaéton.
Ketty, i. d' Parthénon.
E Kiffis (6), i. d' Phaéton.
Laborieux, i. d' Vermouth, v. p. 116.
E Lafontaine, i. d' Quiclet.
La France, i. d' Séducteur.
Laïs, i. d' Phaéton.
Lancelot, i. d' Phaéton.
Larré, i. d' Parthénon.
Lavardin, i. d' Phaéton.
Léa, i. d' Niger.
E Léandre ex Sot-l'y-Laisse, i. d' Kapirat, v. p. 225.
Léonidas, i. d' Niger.
Léontine, i. d' Abrantès.
Léopard, i. d' Abrantès.
Léopard, i. d' Phaéton.
Libertine (7), i. d' Phaéton.
E Limier, i. d' Phaéton, v. p. 98.
Lisbonne, i. d' Beaugé.
Lodi, i. d' Kilomètre.
L'Orpheline, i. d' Abrantès.
Lutine, i. d' Quiclet.
Lyonnaise, i. d' Koping.
E Magenta, i. d' Elu.
Maïna, i. d' Koping.
E Major, i. d' Vermouth (p. s.), v. p. 116.
Mancelle (8), i. d' Phaéton.
E Mancini, i. d' Phaéton.
Mandarin (9), i. d' Quiclet.
Mandarine, i. d' Séducteur.
Mandarine, i. d' Elu.
Mandarine, i. d' Vichnou (p. s.).
Mantille, i. d' Parthénon.
E Marengo, i. d' Phaéton.
Marolette, i. d' Quiclet.
Matador, i. d' Dacapo.
E Merci, i. d' Marignan.
E Mercure, i. d' Acquila.
E Merville, i. d' Parthénon.
E Messidor, i. d' Niger.
Metella, i. de Indienne (p. s.).
Mezarine, i. d' Quiclet.

---

(1) Icarie, B., 1891, gagnante à 3 et 4 ans de 5,000 fr. — R. 1' 36".
(2) Jacinthe, B., 1887, gagnante à 3, 4 et 5 ans de 11,725 fr. — R. 1' 37".
(3) Jitomir, B., 1887, gagnant à 3, 4 et 5 ans de 11,915 fr. — R. 1' 42".
(4) Jonas II, Bb., 1887, gagnant à 3, 4 et 5 ans de 9,740 fr. — R. 1' 40".
(5) Jouvence, B., 1887, gagnant à 3, 4 et 5 ans de 22,178 fr. — R. 1' 36".
(6) Kiffis, N., 1888, gagnant à 3 ans de 4,405 fr. — R. 1' 40". Acheté 12,000 fr., E. au Pin.
(7) Libertine, Bb., 1889, gagnante à 3, 4 et 5 ans de 14,200 fr. — R. 1' 38".
(8) Mancelle, N., 1890, gagnante à 3, 4 et 5 ans de 22,178 fr. — R. 1' 36".
(9) Mandarin, B., 1890, gagnant à 3, 4 et 5 ans de 13,150 fr. — R. 1' 35".

Productions d'EDIMBOURG :

E Michigan, i. d' Beaugé, v. p. 131.
Mignarde, i. d' Phaéton.
Minerve, i. d' Phaéton.
Mirabelle, i. d' Niger.
Mirabelle, i. d' Quiclet.
E Miracle, i. d' Quiclet.
E Mistral, i. d' Alaric.
Muscade, i. d' Koping.
Nageur, i. d' Phaéton.
E Nain-Jaune, i. d' Quiclet.
E Nancy, i. d' Fataliste (p. s.).
Narcisse, i. d' Cherbourg.
Nathalie, i. d' Hidalgo.
Navarin, i. d' Beaugé.
Navarin, i. d' Gabier.
E Nelson, i. d' Fataliste (p. s.).
Nelusko, i. de Mlle des Tourelles.
Nemesis, i. d' Vichnou (p. s.).
E Neptune, i. d' Elu.
Néron, i. d' Cherbourg.
Neustrie, i. d' Kilomètre.
Neva, i. d' Koping.
Neva, i. d' Koping.
Nitouche, i. d' Phaéton.
E Ni-oui-Ni-non, i. d' Beaugé.
Nonancourt, i. d' Trouville (p. s.).
E Notable, i. d' Elu.
Nougat, i. d' Vermouth, v. p. 116.
Ochosias, i. d' Phaéton.
Odalisque, i. d' Valdempierre.
E Odéon, i. d' Parthénon.
Olinda, i. d' Saint-Rigomer.
E Opéra, i. d' Cherbourg.
E Œuf, i. d' Fataliste (p. s.).
Opulentia, i. d' Palenquin.
Orchidée, i. d' Niger.
Orgueilleuse, i. d' Parthénon, v. p. 68.
Ornano, i. d' Usquebac.
Orne, i. d' Vermouth, v. p. 116.
Orphée, i. d' Beaugé, v. p. 131.
Ostende, i. d' Phaéton.
Otage, i. d' Quiclet.
Otello, i. d' Hidalgo.
Ouest, i. de Damoiselle (p. s.).
Ouï-Dire, i. d' Elu.
E Ouragan, i. d' Fataliste (p. s.).
Outarde, i. d' Valdempierre.
Ouvreuse, i. d' Phaéton.
Ouvrière, i. d' Inkermann.
Parafox, i. d' Niger.
Passagère, i. d' Palanquin.
Pembroke, i. d' Phaéton.
Perette, i. d' Phaéton.
Pick-Poquet, i. d' Phaéton.
Picolo, i. d' Phaéton.
Pie-Vole, i. d' Beaugé, v. p. 131.
Pompeia, i, d' Quiclet.
Présage, i. d' Cambronne.
Présage, i. d' Cherbourg.
Printanier, i. d' Vermouth (p. s.), v. p. 116.
Quine, i. d' Noville.
E Qu'y-met-on, i. d' Phaéton, v. p. 225.
Regatta, i. d' Tigris.
Reine de Saba, i. d' Noville.
Reine des Prés, i. d' Kapirat.
Rose-Noire, i. d' Phaéton, v. p. 90.
Saltarelle, i. de Amourette (p. s.).
Soubrette, i. d' Phaéton, v. p. 90.
Tirelire, i. d' Phaéton.
Tontine, i. d' Kapirat, v. p. 225.
Tubéreuse, i. d' Phaéton, v. p. 225.
Voltigeuse, i. d' Koping.

ÉLAN. B. — 1,58. — 1882 (approuvé).

Serpolet-Bai	Normand	Divus	Québec.
			N. par Electrique.
		Balsamine	Kapirat.
			N. par Débardeur.
	Margot	Dorus	Y. Rattler.
			N. par Prosélyte.
		N.	Introuvable.
			N. p. Royal-George.
Rosière (1)	Condé	Printemps	Kadmor.
			N. par Friedland.
		N.	Performer ou Merlerault.
	Fortunée	T. N. Phœnomenon.	Old Phœnomenon.
			Mecklembourgeoise.
		N.	Kramer.
			N. par Doyen.

Né chez M. Lallouet, à Semallé (Orne).

1881 a gagné. . . . . 41,131 fr. } 48,831 fr.
—86 — 7,700

Vitesse 1885, Le Pin, 1' 42".
— — Rouen, 1' 40".
Sées : 1887-94. La Gaillarderie : 1895.

SOMMES GAGNÉES PAR SES PRODUITS :

1891	34,602 fr.	1893	24,668 fr.
—92	8,643	—94	13,305

1895 . . . . 7,593 fr.

(1) Rosière, Gr., 1872, a produit :

1878 Alicante, par Marx, gagnante à 3 ans de 500 fr. — Record 2' 30".
—81 Dancourt, par Serpolet B., gagnant à 3 et 4 ans de 19,875 fr. — Record 1' 42".
—82 Elan.
—84 Glaneuse, par Dictateur, gagnante à 3 ans de 150 fr. — Record 1' 53".
—85 Harmonie, par Beaugé, gagnante à 3 et 4 ans de 1,400 fr. — Record 1' 50".
—86 Isaura, par Beaugé.
—87 Javeline II, par Cherbourg.
—88 Kilia, par Cherbourg.
—90 Mirliflore, par Cherbourg, gagnant à 3 ans de 750 fr. — Record 1' 52".
—92 Ouvrière, par Cherbourg, gagnante à 3 ans de 100 fr. — R. 1' 48"
—93 Plaisance, par Fuschia.

Productions d'ÉLAN :

Arlette, i. d' Edhen (p. s. a.).
Herman, i. d' Phaéton.
Kadéja (1), i. d' Phaéton.
Kaolin, i. d' Trouville (p. s.).
Kellerman, i. d' Elu.
E Kerman (2), i. d' Phaéton.
E Kerveguen, i. d' Lavater.
Khiva, i. d' Inkermann.
Kina, i. d' Phaéton.
Kiosque, i. d' Niger.
Koléah (3), i. d' Phaéton.
Kyrielle, i. de Nell (p. s.).
Lady, i. d' Dictateur.
Laïs, i. d' Valdempierre.
Laquedem, i. d' Niger.
Lavoisier, i. d' Phaéton.
Léda, i. d' Trouville (p. s.).
Liancourt, i. d' Phaéton.
E Linot, i. d' Un.
Linotte, i. d' Dictateur.
Lorraine, i. de Chansonnette (p. s.).
Louveteau, i. d' Phaéton.
Lutine, i. d' Valdempierre.
E Mage, i. d' Trouville (p. s.)
Maida, i. d' Niger.
E Mamertin, i. d' Phaéton.
Mandarine, i. d' Phaéton.
Mandoline, i. d' Cambronne.
Mauviette (4), i. d' Cambronne.
Mauviette, i. d' Parthénon.
Mercédès, i. d' Niger.
Merlerautine, i. d' Valdempierre.
Mica, i. d' Phaéton.
Mandarine, i. d' Cherbourg.
Montrésor, i. d' Phaéton.
E Nadir (5), i. d' Beaugé.
Nanteuil, i. d' Parthénon.
E Napoli, i. d' Niger.
Nanette, i. d' Valdempierre.
Nautilus, i. d' Phaéton.
Navarin, i. d' Niger, v. p. 105.
Negriotte, i. d' Cherbourg.
Noémie, i. d' Dictateur.
Nonantaise, i. d' Phaéton.
Normandelle, i. d' Phaéton.
E Nougat, i. d' Niger.
Nuage, i. d' Centaure, v. p. 8.
Odessa, i. d' Harpon II.
Officier, i. d' Abderham.
Ohio, i. d' Phaéton.
Olga, i. d' Niger, v. p. 105.
Oméga, i. d' Dictateur.
Omphale, i. d' Dictateur.
Oplite, i. d' Conquérant.
Orangère, i. d' Phaéton.
Orchidée, i. d' Dictateur.
Ouest, i. d' Cambronne.
Pactole, i. d' Attila.
Palmette, i. d' Dictateur.
Parasol, i. d' Edhen (p. s. a.).
Pascrelle, i. d' Beaugé.
Petillante, i. d' Phaéton.
Pivoine, i. d' Jactator.
Quand-Même, i. d' Jactator.
Quarantaine, i. d' Polkantchick.
Quartirio, i. d' Sincerity.
Quotient, i. d' Phaéton.
Ramure, i. d' Polkantchick.
Turlurette (6), i. d' Upas.

---

(1) Kadéja, B., 1888, gagnante à 3 ans de 3,410 fr. — Record 1' 48".
(2) Kerman, Bb., 1888, gagnant à 3 ans de 2,370 fr. — Record 1' 49". Acheté 9,000 fr. à M. Lallouet.
(3) Koléah, B., 1888, issue de Clémentine, par Phaéton, gagnante à 3 ans de 22,500 fr. — Record 1' 43".
(4) Mauviette, B., 1890, gagnante à 3 et 4 ans de 9,280 fr. — Record 1' 37".
(5) Nadir, B., 1891, gagnant à 3 ans de 5,140 fr. — Record 1' 42".
(6) Turlurette, B., 1890, gagnant à 3 ans de 10,670 fr. — Record 1' 39".

ESPOIR. B. — 1.64. — 1882. HN.

Tigris	Lavater	Y. ou Crocus.	
		Candelaria.	
	Modestie	The Heir-of-Linne.	Galaor. Mrs Walker.
		Négresse	Ugolin. N. par Lahore.
Rainette (1)	Normand	Divus	Québec. N. par Electrique.
		Balsamine	Kapirat. N. par Débardeur.
	Gitana	Ionian	Ion. Malibran.
		Bohémienne	Picaroon. Gipsy p. Sir-Hercules.

Né chez M. Riom, à Troarn (Calvados).

1885 a gagné . . . . . . 5,825 fr.

Vitesse 1885, Vincennes, 1' 46".

— Le Pin, 1' 47".

Acheté à M. Riom. . . . . 10,000 fr.

Saint-Lô : 1886.

SOMMES GAGNÉES PAR SES PRODUITS :

1891	1,313 fr.	1893	18,327 fr.
—92	7,975	—94	9,950

---

(1) Rainette, B., 1874, a produit :

1880 Belle-Lurette, par Tigris.
—81 Domino, par Tigris, E. à Saint-Lô.
—82 Espoir.
—83 Marquise, par Tigris.
—85 Héros III, par Dictateur, gagnant à 3 ans 100 fr. — Record 1' 51".
—86 Italien, par Phaéton.
—87 Jocquey, par Tigris, E. à Saint-Lô.
—88 Mlle de Saint-Pair, par Tigris, gagnante à 3 et 4 ans de 10,095 fr. — Record 1' 37".
—90 Margrave, par Tigris, gagnant à 3 et 4 ans de 3,010 fr. — Record 1' 48".
—91 Nacelle, par Etendard.
—94 Scamandre, par Tigris.

Productions d'ESPOIR :

Bon Espoir, i. d' Ugolin.
Destinée, i. d' Uzel.
Espérance, i. d' Lavater.
Espérance, i. d' Ray-Grass.
Espérance, i. d' Ugolin.
Espoir, i. d' Lavater.
Francfort, i. d' Quality.
Jarnac, i. d' Télémaque.
Jeanne, i. de Rigoleuse.
Jonas, i. d' Ugolin.
Jongleuse, i. d' Noville.
Kasan, i. d' Lavater.
Kaviar, i. d' Saphir.
Kepler, i. d' Jarnac.
E Kino, i. d' Saphir.
Klephte, i. d' Lavater.
E Kolback (1), i. d' Reynolds.
Laban, i. d' Ray-Gras.
E Labarthe, i. d' Président.
Labrede, i. d' Page.
Lancelot, i. d' Reynolds.
Lancier, i. d' Bisson.
Liatris (2), i. d' Acacia.
Liberté, i. d' Ugolin.
Libourne, i. d' J'y-Songerai.
Lurette, i. d' The Heir-of-Linne.
E Lycopode, i. d' Lavater.
Mabillon, i. d' Banyuls.
Mlle de Normandie, i. d' Banyuls.
Magenta, i. de Tempête.
Malart, i. d' Impétueux.
Manoir, i. d' Jarnac.
Mardi, i. d' Hussein.
Marin (3), i. d' Reynolds.
Mélèze, i. d' Teinturier.
Montclam, i. d' Kapirat.
E Noble, i. d' Phare.
E Nogaro (4), i. d' The Heir-of-Linne.
Normand-Jeune, i. d' Noville.
Normandie, i. d' Marsyas.
E Ney, i. de Balsamine (p. s.).
Nyctérinia, i. d' Reynolds.
Olga, i. d' Noville.
Opsopocus, i. d' Cormoran.
Orchidée, i. d' Partisan.
Orezza, i. d' Ugolin.
Orgon, i. d' Jarnac.
Paquerette, i. d' Sackos.
Suzettte, i. d' Niger.
Trompette, i. d' Orphée.

---

(1) Kolback, B., 1888, gagnant à 3 ans de 1,312 fr. — R. 1' 49".
(2) Liatris, B., 1889, gagnante à 3 et 4 ans de 9,820 fr. — R. 1' 41", v. p. 76.
(3) Marin, B., 1890, gagnant à 3 et 4 ans de 22,312 fr. — R. 1' 37", v. p. 76.
(4) Nogaro, B., 1891, gagnant à 3 ans de 3,605 fr. — R. 1' 43", E. à Saint-Lô.

ÉTENDARD. B. — 1.64. — 1882. HN.

Lavater. . . .	Y. ou Crocus.		
	Candelaria.		
Espérance (1) .	The Heir-of-Linne. .	Galaor	Muley-Molock. Darioletta.
		Mrs Walker.	Jereed. Zinganee-Mare.
	N.	Ursin	Homère. N. par Saumon.

Né chez M. Hays, à Sainte-Mère-l'Eglise (Manche).

1885 a gagné . . . . . 3,725 fr. }
—86 — . . . . . 9,110 } 12,825 fr.

Vitesse 1885, Vire, 1' 45".
— Rouen, 1' 46".
1886, Le Pin, 1' 42".

Acheté à M. de Basly. . . . . 13,000 fr.
Le Pin : 1887-91.

Sommes gagnées par ses produits :

1891	2,771 fr.	1893	54,895 fr.
—92	72,020	—94	21,560

1895 . . . . 12,965 fr.

---

(1) Espérance, B., 1872, a produit :

1882 Etendard.
—88 Korrigane, par Lavater.
—89 Lion-d'Or, par Fontenay.
—91 Nicanor, par Reynolds ou Fontenay, gagnant à 3 ans de 320 fr. — Record 1' 59".

Productions d'ÉTENDARD :

Alace, i. de Réjane.
Buchette, i. d' Tamberlick (p. s.).
Fulminante, i. d' Normand.
Hardie, i. d' Acquila.
Herselie, i. d' Suffolk (p. s.).
E Jeuneur.
Kabiline, i. d' Tay-Mouth.
Kairouan, i. d' Acquila.
E Karthoum, i. d' Normand.
Kermesse, i. d' Normand.
E Kina, i. d' Rivoli.
E Kiosque, i. d' Normand.
E Knox (1), i. d' Normand (app.).
Kramer, i. d' Normand.
E Lanleff, i. d' Phaéton.
Lapérouse, i. d' Rivoli.
E Larmor, i. d' Raifort.
E Lauréat, i. d' Niger.
E Lazzi, i. d' Niger.
E L'Estafette, i. d' Acquila, v. p. 124.
E Lindor ex Luc, i. d' Montfort (p.s.).
Lionne (2), i. d' Suffolk.
E Longchamps, i. d' Noville.
Lorraine, i. d' Niger.
Lumière II (3), i. d' Niger.
E Luron (4), i. d' Domino-Noir.
Luron, i. d' Phaéton.
Lutine, i. d' Acquila.
Mab, i. d' Domino-Noir.
E Mac-Nab, i. d' Suffolk.
Ma Cousine (5), i. d' Phaéton.
Madrée, i. d' Acquila.
Mandoline, i. d' Niger.
Manille, i. d' Montfort (p. s.).
E Marcheur, i. d' Conquérant.
Mariette, i. d' Normand.
Marly (6), i. d' Conquérant.
E Matin, i. d' Niger.
E Mercure, i. d' Acquila.
Merveille, i. d'Ulrich II.
Miranda, i. d' Uriel.
Mon Etoile, i. d' N. Trotter.
E Moujick, i. d' Torrent (p. s.).
E Moulin-Rouge, i. d' Niger.
E Murillo, i. d' Raifort.
E Myosotis, i. d' Normand.
E Nabopolasso, i. d' Baptiste-Lemore.
Nacelle, i. d' Tigris.
Nacelle, i. d' Niger.
Nadia, i. d' N. Trotter.
Natham, i. de Mlle de Puteaux.
Nathalie, i. d' Acquila.
Nativa, i. d' Conquérant.
Navale, i. d' Acquila.
Navarette, i. d' Niger.
Nélaton, i. d' Uriel.
Nemrod, i. d' Acquila.
Néron, i. d' Niger.
Nice, i. de Fauvette.
E Nickel, i. d' Niger.
E Nicolas, i. d' Rivoli.
Nicotine, i. d' Phaéton.
E Nihiliste, i. d' Acquila.
Niobé, i. d' Ambition.
Notable, i. d' Acquila.
Notre-Cousin, i. d' Phaéton.
Novice, i. d' Phaéton.
Nubien, i. d' Domino-Noir.
Vengeresse, i. d' Suffolk (p. s.).

---

(1) Knox, Bb., 1888, gagnant à 3, 4 et 5 ans de 9,181 fr. — R. 1' 38" (fait la monte à Petiville, Calvados).
(2) Lionne, Bb., 1889, gagnante à 3, 4 et 5 ans de 9,120 fr. — R. 1' 36".
(3) Lumière II, Bb., 1889, gagnante à 3, 4 et 5 ans de 8,570 fr. — R. 1' 40".
(4) Luron, A., 1889, gagnant à 3 ans de 12,475 fr. — R. 1' 40", E. à Saint-Lô.
(5) Ma Cousine, A., 1890, gagnante à 3, 4 et 5 ans de 12,845 fr. — R. 1' 38".
(6) Marly, A., 1890, gagnant à 3, 4 et 5 ans de 14,160 fr. — R. 1' 36".

FIER-A-BRAS. N. — 1.60. — 1883. HN.

Niger	T. N. Phœnomenon.	Old-Phœnomenon.	
		Mecklembourgeoise.	
	Miss-Bell	américaine.	
Arlette (1)	Normand	Divus	Québec.
			N. par Electrique.
		Balsamine.	Kapirat.
			N. par Débardeur.
	Rosière (2)	Conquérant.	Kapirat.
			Elisa.
		Papillote	Perruquier.
			N. par Succès.

Né chez M. Valdempierre, à Troarn (Calvados).

1886 a gagné. . . . . 9,030 fr.
—87 — . . . . . . 4,500 } 13,530 fr.

Vitesse 1886, Vincennes, 1' 43".
— —87, Saint-Lô, 1' 41".

Acheté à M. Gost . . . . . 13,000 fr.
Le Pin : 1888.

Sommes gagnées par ses produits :

1892. . . . . 11,810 fr.

---

(1) Arlette, B., 1879, a produit :

1883 Fier-à-Bras.
—84 Galka, par Niger.
—85 Hetman, par Niger, gagnant à 3 ans de 600 fr. — Record 1' 53".
—86 Italienne, par Acquila.
—89 Le Courrier, par Tigris.
—91 Navarre, par Tigris.

(2) Rosière, B., 1873, a produit : Valdempierre, Arlette, Dur-à-Cuir, etc., v. p. 201.

Productions de FIER-A-BRAS :

Capucine, i. d' Hidalgo.
Glorieux, i. d' Jactator.
Indiscret, i. d' Atlas.
Jambes-de-bois, i. d' Esculape.
Labrador, i. d' Ximenès.
La Fresnaye (1), i. d' Phaéton.
E Lautrec, i. d' Quiclet.
Légiste, i. d' Abrantès.
E Léonidas, i. d' Phaéton.
Lianne, i. d' Séducteur.
E Lilas, i. d' Koping.
Lina, i. d' Phaéton, v. p. 101.
Lisette, i. d' Quiclet.
E Loto, i. d' Serpolet B.
Loyal, i. d' Parthénon.
Lucia, i. d' Serpolet B.
Lucifer, i. d' Hannon.
Lucullus, i. d' Saint-Rigomer.
Lycurgue, i. d' Législateur.
Lydie, i. d' Vichnou (p. s.).
Mars, i. d' Kaolin (p. s.).
Montagnard, i. d' Cabanis.
E Napier (2), i. d' Elu.
Nicot, i. d' Kaolin (p. s.).
Nubienne, i. d' Agnadel.
Octogénaire, i. d' Ximenès.
Olga, i. d' Kaolin.
Oliva, i. d' Cherbourg.
Ondine, i. de Poupée.
Populaire, i. d' Ximenès.
Régent, i. d' Trouble.
Trouveras-tu, i. d' Jactator.

(1) La Fresnaye, A., 1889, gagnante à 3 ans de 6,440 fr. — R. 1'43".
(2) Napier, B., 1889, gagnant à 3 ans de 3,000 fr. — R. 1'49". Acheté par les Haras 8,000 fr.

FLIBUSTIER. A. — 1.66. — 1883. HN.

Phaéton	The Heir-of-Linne	Galaor	Muley-Molock.
			Darioletta.
		Mrs Walker	Jereed.
			Zinganee-Mare.
	La Crocus	Crocus	anglais.
		Élisa	Corsair.
			Élise.
Voltigeuse (1)	Parthénon	Jactator	Élu.
			Pégriote par Eylau.
		Brebis	Voltaire.
	Belle-de-Jour (2)	Inkermann	Utrecht.
			Ordillia p. Kœnigsberg.
		Fatmey	Tipple-Cider.
			N. par Eylau.

Né chez M. L. Fleury, à Saint-Léger-sur-Sarthe (Orne).

1886 a gagné. . . . . 6,883 fr.

Vitesse 1886, Alençon, 1' 44".

— Caen, 1' 45".

Acheté à M. Fleury. . . . . 9,000 fr.

Le Pin : 1887-89.

Sommes gagnées par ses produits :

1891	13,755 fr.	1893	24,770 fr.
—92	30,992	—94	13,280

---

(1) Voltigeuse, A., 1876, par Parthénon ou Gall, a produit :

1880 Espérance, par Phaéton.
—83 Flibustier.
—84 Gamine, par Phaéton.
—86 Imprudente, par Beaugé.
—87 Jardinière, par Beaugé.
—88 Kiblat, par Beaugé, gagnant à 3 ans de 200 fr. — R. 2' 03".
—89 Lobeau ex Lilas, par Phaéton, gagnant à 3 ans de 100 fr. — R. 1' 56", E. au Pin, de 1893-1895.
—90 Minute, par Phaéton, gagnante à 3 ans de 700 fr. — R. 1' 51".
—91 Nacelle, par Phaéton ou Cambronne.
—92 Orgueilleuse, par Edimbourg.

(2) Belle-de-Jour, grand'mère de Galba, v. p. 80.

Productions de FLIBUSTIER :

Coriolan, i. de Négresse.
Intrépide, i. d' Y.
Kabyle, i. de Georgette.
E Képi, i. d' Kilomètre, v. p. 113.
Léa (1), i. d' Kilomètre.
Léda, i. d' Valencourt.
Louise, i. d' Buci.
Rieuse (2), i. d' Hippomène.
Uranie, i. d' Séducteur.
Y, i. d' Buci.

---

(1) Léa, propre sœur de Képi, v. p. 113.
(2) Rieuse, B., 1888, gagnante à 3, 4 et 5 ans de 11,792 fr. — R. 1' 39".

FONTENAY. B. — 1,64. — 1883. HN.

Tigris	Lavater	Y. ou Crocus.	
		Candelaria.	
	Modestie	The Heir-of-Linne	Galaor.
			Mrs Walker.
		Négresse	Ugolin.
			N. par Lahore.
Coquette (1)	Renémesnil	Fleuron	Virgil.
			N. par Iago.
		La Lully	Lully.
			N. par Idalis.
	Fridoline	Libérator	Garibaldi.
			N. par Old-Phœnomenon.
		N.	j. de p. s. a.

Né chez MM. Marie frères, à Rumesnil (Calvados).

1886 a gagné. . . . . 3,303 fr.
—87 — . . . . . . 10,815 } 14,118 fr.

Vitesse 1886, Caen, 1' 45".
— —87, — 1' 37".

Acheté à Mme veuve Lefebvre. . . . . 14,000 fr.
Saint-Lô : 1888.

SOMMES GAGNÉES PAR SES PRODUITS :

1892	13,985 fr.	1894	43,685 fr.
—93	44,475	—95	40,299

(1) Coquette, A., 1880, a produit :

1883 Fontenay.
—85 Hirondelle, par Tigris.
—89 Lansquenet, par Tigris, gagnant à 3 ans de 7,235 fr. — Record 1' 41", E. au Pin.
—92 Orientale, par Tigris.
—93 Perce-Neige, par Tigris.

Productions de FONTENAY:

Elisa, i. d' J'y Songerai, v. p. 226.
Hirondelle, i. de Pastourelle, v. p. 51.
Lantheuil, i. d' Upas.
La Thue, i. de Marguerite (p. s.).
Léona, i. d' Anacharsis.
E Limours, i. d' Lavater.
E Lingot-d'Or, i. d' The Heir-of-Linne (p. s.).
Lisy, i. d' Lavater.
E Live, i. d' J'y songerai, v. p. 226.
E Loup-Garou, i. d' The Heir-of-Linne (p. s.), v. p. 43.
Lucette, i. d' Quaker.
E Lycurgue, i. de Pastourelle (p. s.), v. p. 51.
Malaga, i. d' Colporteur.
E Malepeste (1), i. d' Qui-Vive.
Malplaquet, i. d' Télémaque.
Ma Mie, i. d' Lozenge (p. s.).
Marquise, i. d' Gabier (p. s.).
Mascotte, i. d' Bagdad.
Massinissa (2), i. d' Likatch.
E Matinal, i. d' Reynolds.
Médine II, i. d' The Heir-of-Linne (p. s.), v. p. 43.
Méthode, i. de Folette II (p. s.).
Milan, i. de Java (p. s.).
Minute, i. d' Lavater.
Mirab, i. d' Orphée.
Miss Courcy, i. d' The Heir-of-Linne (p. s.).
E Mr de Fontaine-Henri, i. d' The Heir-of-Linne (p. s.).
E Moulineaux, i. d' Ministère (p. s.).
Nadia, i. d' Ministère (p. s.).
Narcé, i. d' Aristocrate.
E Narcisse, i. de Mariquita (p. s.).
E Nectar (3), i. d' Lavater.
Negelia, i. d' Reynolds.
Nemours, i. d' Lavater.
E Nénuphar, i. d' Lion-d'Or.
E Nerveux, i. d' Lavater.
Neustrie (4), i. d' Orphée.
Nicaise, i. de Stella.
Nicanor, i. d' The Heir-of-Linne (p. s.), v. p. 64.
Nicotine (5), i. de Folette II (p. s.).
Ninon, i. d' Ministère (p. s.). v. p. 102.
Nisbette, i. d' Lavater.
E Nizam, i. d' The Heir-of-Linne (p. s.). v. p. 43.
E Noces-Toujours, i. d' Lavater.
Noisette, i. d' Attila.
E Novgorod, i. d' Gabier.
E Oberhausen, i. d' Kapirat.
E Obstacle (6), i. d' Reynolds.
E Odin, i. de Stella.
Ogive, i. d' Lavater, v. p. 226.
E Ohio, i. d' Aristocrate.
E Olibrius, i. d' Ministère (p. s.).
E Omer Pacha, i. d' Orphée (app.).
Oracle, i. d' Lavater.
E Orfèvre, i. d' Aristocrate.
E Orgue ex Océan, i. d' Saint-Cloud.
Oriflamme, i. d' Pretty-Boy.
Orphée, i. d' Domino-Noir.
Osiris, i. d' Télémaque.
Osmonde, i. d' Domino-Noir.
E Ouragan, i. d' Télémaque.
Pagode, i. d' Espoir.

---

(1) Malepeste, A., 1890, gagnant à 3 ans de 3,635 fr. — R. 1' 44". Acheté 9,000 fr., E. à Cluny.
(2) Massinissa, N., 1890, gagnant à 3, 4 et 5 ans de 5,645 fr. — R. 1' 43".
(3) Nectar, B., 1891, gagnant à 3 et 4 ans de 5,510 fr. — R. 1' 40". Acheté 9,000 fr., E. à Saint-Lô.
(4) Neustrie, B., 1891, gagnant à 3 et 4 ans de 11,351 fr. — R. 1' 36".
(5) Nicotine, B., 1891, gagnant à 3 et 4 ans de 4,740 fr. — R. 1' 42".
(6) Obstacle, B., 1892, gagnant à 3 ans de 11,665 fr. — R. 1' 41". Acheté 9,000 fr., E. à Blois.

Productions de FONTENAY :

Palmier, i. d' Saint-Cloud.
Palissandre, i. d' Télémaque.
Pampre, i. d' Lavater.
Papa, i. de Itaque.
Passeport, i. de Copelia (p. s.).
Paula, i. d' The Heir-of-Linne (p.s.)
Pégase, i. d' Télémaque.
Peron, i. d' Follet.
Pervenche, i. d' Valencourt.
Pie Margot, i. d' The Heir-of-Linne, v. p. 43.
Plume, i. d' Pretty-Boy.
Poste, i. d' Attila.
Pstt, i. de Folette II (p. s.).
Quadrige, i. d' Reynolds.
Quel-Type, i. d' Reynolds.
Quichotte, i. d' Reynolds.
Quinconce, i. d' Orphée.
Reine-Blanche (1), i. d' Vertugadin (p. s.).
Tambour-Battant, i. d' Page.
Triomphante, i. d' Thésée.

---

(1) Reine-Blanche, A., 1891, gagnante à 3 et 4 ans de 9,642 fr. — R. 1' 37".

FRED-ARCHER. B. — 1.62. — 1883. HN.

Normand	Divus	Québec	Ganymède. N. par Voltaire.
		N.	Electrique.
	Balzamine	Kapirat	Voltaire. N. par The Juggler.
		La Débardeur	Débardeur.
Verveine	Noville	Ipsilanty	T. N. Phœnomenon. N. par Sylvio.
		Thérence	Turck. Esméralda.
	Vilna (1)	Y.	T. N. Phœnomenon. Henriette.
		Victoire	présumée de p. s.

Né chez M. Martinière, à Saint-André-de-Fontenay (Calvados).

1886 a gagné	1,100 fr.	7,360 fr.
—87 —	6,260	

Vitesse 1886, Caen, 1' 53".
— —87, Vincennes, 1' 41".

Acheté à M. de Basly . . . . . 13,000 fr.
Saint-Lô : 1888.

Sommes gagnées par ses produits :

1892 . . . . 2,160 fr. | 1893 . . . . 4,520 fr.
1894 . . . . 1,340 fr.

(1) Vilna est la mère d'Echo, v. p. 55.

Productions de FRED-ARCHER :

Attentive, i. d' Ministère (p. s.).
Chère Belle, i. d' Upas.
Différence, i. d' Lavater.
Fanny, i. d' Quality.
Fred-Acher, i. d' Sidi (p. s.).
Fusée, i. d' The Heir-of-Linne.
Herbette, i. d' Piston (p. s.).
Iris, i. d' Télémaque.
Lalla-Rouk, i. d' Ministère (p. s.).
E Lamplugh (1), i. d' Télémaque.
Lannes, i. d' Sidi.
Laquille, i. d' Ministère (p. s.).
Lorrain, i. d' Upas.
Lotus, i. d' Upas.
Maraudeur, i. d' Agnadel.
Malakoff, i. d' Lavater.
Mandarine, i. d' Upas.
Marquis, i. d' Reynolds.
Mascotte, i. d' Reynolds.
Mauviette, i. d' Reynolds.
E Médoc (2), i. d' Reynolds.
Mirabelle, i. d' Lavater.
Mirliflore, i. d' Lavater.
Miss-Archer, i. d' Ministère (p. s.).
Miss-Brouteville, i. d' Télémaque.
Mira, i. d' Lavater.
Mistral, i. d' Va-de-Bon-Cœur.
Mon-Ami, i. de Stella (p. s.).
Mon Trésor, i. d' Ministère (p. s.).
E Nabat, i. d' Quality.
E Nadar, i. d' Idoménée.
Nageur, i. d' Palatin.
Narghilé, i. d' Lavater.
Najac, i. d' Lavater.
E Nangasaki (3), i. d' Lavater.
E Napier, i. d' Reynolds.
Narquois, i. d' Aristocrate.
Nérac, i. d' Lavater.
Ninon, i. d' Sabinus ou Regret.
Normal, i. d' Lavater.
Normande, i. d' Aristocrate.
Normande, i. d' Quality.
Nougat, i. d' Ministère (p. s.).
Nubienne, i. d' Agnadel.
E Oberland, i. d' Aristocrate.
Offemback, i. d' J'y-Songerai.
Olga, i. d' Ministère (p. s.).
Olivarette, i. d' Napier.
Olivette, i. d' Palatin.
Opale, i. d' Reynolds.
Opaque, i. d' Va-de-Bon-Cœur.
Opium, i. d' Upas.
E Optimiste, i. d' Lavater.
Oregon, i. d' Mars.
Orlof, i. d' Ministère (p. s.).
Ormeau, i. d' Domino-Noir.
Ornano, i. d' Upas.
Oronte, i. d' Domino-Noir.
Orrery, i. d' Quickly.
E Orsini, i. d' Ministère (p. s.).
E Ortieu, i. d' Tempête.
Osis, i. d' Lavater.
E Ouad el Kebir, i. d' Lavater.
Oudinot, i. d' Lavater.
E Ouf (4), i. d' The Heir-of-Linne (p. s.), v. p. 43.
Pandora, i. d' Agnadel.
Pile ou Face, i. d' Lavater.
Princesse, i. d' Gourmet (p. s.).
Quand Même, i. d' Domino-Noir, v. p. 226.
Sainte-Colombe, i. d' Lavater.
Surprise, i. d' Télémaque.
Rapide, i. d' Lavater.
Tulipe, i. d' Lavater.

(1) Lamplugh, B., 1889, gagnant à 3 ans de 2,160 fr. — R. 1'48", E. au D. de Hennebont.
(2) Médoc, B., 1890, gagnant à 3 ans de 3,770 fr. — R. 1'44", E. au D. de Saintes.
(3) Nangasaki, B., 1891, gagnant à 3 ans de 1,340 fr. — R. 1'46", E. au D. de Hennebont.
(4) Ouf, B., 1892, gagnant à 3 ans de 5,830 fr. — R. 1'42", E. à Libourne.

FUSCHIA. B. — 1.63. — 1883. H. N.

Reynolds . . .	Conquérant.	Kapirat.	Voltaire. N. par The Juggler.
		Élisa	Corsair. Élise par Marcellus.
	Miss-Pierce	Succès	Télégraph. N. par The Juggler.
		Lady-Pierce.	américaine.
Rêveuse (1) .	Lavater.	Y. ou Crocus.	
		Candelaria	anglaise.
	Sympathie (2) . . .	Pédagogue	Nuncio. Éoline par Muley-Molock.
		Débutante. . . . . . (1855).	Pyrrhus the First. Figurante par Venison.

Né chez M. J. Gosselin, à Saint-Côme-du-Mont (Manche).

1886 a gagné.	9,000 fr.	29,780 fr.
—87 —	17,955	
—88 —	2,825	

Vitesse 1886, Caen et Le Pin, 1' 40".
— —87, Rouen, 1' 36".
— - 88, Veulettes, 1' 35".

Acheté à M. Gosselin. . . . . . . 11,000 fr.

Le Pin : 1889.

Sommes gagnées par ses produits :

1893 . . . . 185,186 fr. | 1894 . . . . 278,150 fr.

1895 . . . . 296,083 fr.

---

(1) Rêveuse, B., 1878, a produit :

Acacia, par Reynolds, mère de Liatris, par Espoir, v. p. 63.
1883 Fuschia.
—84 Géranium, par Reynolds, gagnant à 3 et 4 ans de 562 fr. — Record 1' 51".

(2) Sympathie, B., 1862, a produit :

Rêveuse, par Lavater.
N., par Reynolds, mère de Marin, par Espoir, v. p. 63.

Productions de FUSCHIA :

Bonne-Mère (1), i. d' Beaugé.
E Hérode, i. d' Phaéton, v. p. 90.
E Hetman, i. d' Phaéton, v. p. 91.
Héroïne, i. de Laurel-Leaf.
Magloire, i. d' Serpolet B.
E Mahomet, i. d' Niger, v. p. 127.
E Mange-Tout, i. d' Normand, v. p. 126.
Manola, i. d' Serpolet B.
Manon, i. d' Niger, v. p. 137.
Marche, i. d' Dictateur.
E Marengo, i. d' Serpolet B.
E Mars, i. d' Albrant, v. p. 130.
Merise, i. d' Serpolet B, v. p. 152.
Merlerault, i. d' Niger.
Messagère (2), i. d' Phaéton.
Midi, i. d' Vichnou.
E Mignon (3), i. d' Un.
Minerve, i. d' Beaugé.
Moher, i. d' Parthénon.
E Moonlighter, i. de Niniche, v. p. 133.
Moskova, i. d' Serpolet B, v. p. 136.
Montbeugny, i. d' Acquila.
Nacelle, i. d' Niger.
Nadine, i. d' Quiclet.
Nancy, i. d' Vichnou.
E Nangis, i. d' Abrantès, v. p. 135.
Nannette, i. d' Abrantès.
E Narquois, i. d' Niger, v. p. 137.
Négresse, i. d' Beaugé.
Négus, i. d' Vichnou (p. s.).
Néra (4), i. d' Phaéton.
Néri (5), i. d' Parthénon.
Néron, i. d' Phaéton.
Nestorius (6), i. d' Valdempierre.
E Neuilly, i. d' Beaugé, v. p. 138.
Néva, i. d' Alaric.
Néva, i. d' Serpolet B.
E Nez, i. d' Vichnou (p. s.).
Niquette, i. d' Edimbourg.
Nitouche, i. d' Normand, v. p. 126.
Nitouche, i. d' Phaéton, v. p. 98.
Nomade (7), i. d' Parthénon.
Nostra, i. d' Affidavit (p. s.).
Notre-Dame, i. d' Ulrich.
Nougat, i. d' Niger.
E Nougat, i. d' Parthénon.
E Novice, i. d' Niger, v. p. 148.
Nubienne, i. d' Serpolet B, v. p. 152.
Numance, i. d' Serpolet B.
Obole, i. d' Phaéton, v. p. 98.
E Obus, i. d' Beaugé.
Occasion, i. d' Phaéton, v. p. 101.
Océan (8), i. d' Phaéton.
Océanie, i. d' Niger, v. p. 148.
E O'Connel, i. d' Phaéton.
O'Ctelett, i. d' Niger.
E Octobre, i. d' Cherbourg.
Odessa (9), i. d' Serpolet B.
Odon, i. d' Cherbourg.
Olivette, i. d' Tigris.
E Ontario, i. d' Cherbourg,
Opéra, i. d' Serpolet B.
Ophélie, i. d' Vichnou (p. s.).
Opifax, i. d' Serpolet B.
Opportune, i. d' Serpolet B, v. p. 136.
Oracle, i. d' Serpolet B.
E Orage, i. d' Phaéton.
E Oran, i. d' Serpolet B, v. p. 152.
E Oranger, i. d' Serpolet B.
E Orfa, i. d' Koping.
E Orient, i. d' Phaéton.
Oriflamme, i. d' Tigris.

---

(1) Bonne-Mère, A., 1892, gagnante à 3 ans de 7,595 fr. — R. 1' 42".
(2) Messagère, A., 1890, gagnante à 3, 4 et 5 ans de 125,222 fr. — R. 1' 32".
(3) Mignon, A., 1890, gagnant à 3 ans de 12,520 fr. — R. 1' 40". Acheté 13,000 fr., E. au Pin.
(4) Néra, Bb., 1891, gagnante à 3 et 4 ans de 15,030 fr. — R. 1' 39", à Bourigny.
(5) Néri, B., 1891, gagnant à 3 et 4 ans de 18,802 fr. — R. 1' 36".
(6) Nestorius, B., 1891, gagnant à 3 et 4 ans de 12,085 fr. — R. 1' 37".
(7) Nomade, B., 1891, gagnant à 3 et 4 ans de 16,765 fr. — R. 1' 38", à Vincennes.
(8) Océan, B., 1892, gagnant à 3 ans de 9,826 fr. — R. 1' 40".
(9) Odessa, B., 1892, gagnant à 3 ans de 20,281 fr. — R. 1' 33".

Productions de **FUSCHIA** :

Ormonde, i. d' Alaric.
Ornano, i. d' Phaéton.
Ornano, i. d' Morisson.
Orphée, i. d' Phaéton.
Orphéide, i. d' Dictateur.
E Orphelin, i. d' Cicéron II.
Ostende, i. d' Parthénon.
Osmonde (1), i. d' Phaéton.
E Othon, i. d' Héliotrope, v. p. 155.
Oublieuse, i. d' Beaugé.
Palais, i. d' Phaéton.
Palerme, i. d' Cambronne.
Panthéon, i. d' Parthénon.
Papyrus, i. d' Serpolet B.
Parfumeuse, i. d' Niger.
Partisan, i. d' Cicéron II.
Pastret, i. d' Lavater.
Peccadille, i. d' Abrantès, v. p. 135.
Pégase, i, d' Niger.
Pellico, i. d' Koping.
Persane, i. d' Quiclet.
Picador, i. d' Beaugé.
Pierre-le-Grand, i. d' Phaéton.
Pimpante, i. d' Vichnou (p. s.).
Pirouette, i. de Mosaïque (p. s.).
Pistache, i. d' Edimbourg.
Plaisance, i. d' Condé, v. p. 60.
Polka, i. d' Phaéton, v. p. 101.
Pompéi, i. d' Serpolet B, v. p. 152.
Pontgouin, i. d' Beaugé, v. p. 138.
Porte-Drapeau, i. d' Noville.
Porte-Fanion, i. d' Réussi (p. s.).
Portici, i. d' Serpolet B.
Prends-Garde, i. d' Dictateur.
Prime-Rose, i, d' Phaéton.
Printemps, i. d' Etudiant.
Pristina, i. d' Phaéton.
Qualifiée, i. d' Niger.
Qualifiée, i. d' Serpolet B.
Quand-Même, i. d' Beaugé.
Quartier-Maître, i. d' Cherbourg.
Quatorze, i. d'Hippomène.
Quatre-mère de Quincy, i. d' Echo.
Querella, i. d' Phaéton.
Queyrac, i. d' Cambronne.
Queyron, i. d' Serpolet B.
Quiberon, i. d' Cherbourg.
Quibus, i. d' Vichnou (p. s.).
Quick, i. d' Phaéton.
Qui-lou-Sab, i. d' Cambronne.
Quimperlé, i. d' Parthénon.
Quinola, i. d' Ulrich II.
Quinquette, i. d' Vichnou.
Quinte, i. d' Phaéton.
Quintessence, i. d' Phaéton.
Quitera, i, d' Phaéton.
Quitte, i. d' Phaéton.
Qui-Va-La, i. d' Phaéton.
Quote, i. d' Cicéron II.
Résistante, i. d' Phaéton.
Revanche, i. d' Niger, v. p. 148.
Richmond, i. d' Phaéton, v. p. 98.
Rocles, i. d' Serpolet B, v. p. 152.
Roquelaure, i. d' Normand, v. p. 117.
Toison-d'Or, i. de Amourette (p.s.).
E Touche-à-Tout, i. d' Sincerity.

(1) Osmonde, B., 1892, issue de Escapade, gagnante à 3 ans de 76,781 fr. — Record 1' 37".

GALANT I. B. — 1.62. — 1884. HN.

Uriel	Conquérant	Kapirat	Voltaire. N. p. The Juggler.
		Élisa	Corsair. Élise.
	Miss-Pierce	Succès	Télégraph. N. par The Juggler.
		Lady-Pierce	américaine.
Coquette (1)	Faust (1851).	Loutherbourg	Mameluke. Smolensko Mare.
		Rambler Mare	Rambler. Bomby-Betty par Robin Hood.
	Hélène	Héliotrope	Pledge ou Thésée. N. par Séducteur.
		N.	Kramer.

Né chez M. Thierry, à Saint-Germain-de-Clairefeuille (Orne).

1887 a gagné	3,275 fr.	18,395 fr.
—88 —	15,120	

Vitesse 1886, Caen, 1' 45".
— —88, Le Pin, 1' 42".

Acheté à M. Lallouet. . . . . 11,000 fr.

Saint-Lô : 1889-96.

---

(1) Coquette, Bb., 1878, a produit :

1882 Eglantine, par Élu (mère de Frégate, A., 1888, par Phaéton, gagnante à 4 ans de 5,360 fr. — Record 1' 41").
—84 Galant.
—93 Primerose, par Uriel.
—94 , par Kiffis.
—95 Rochebrune, par Cherbourg.

GALANT II. B. — 1.63. — 1884. HN.

Uriel	Conquérant	Kapirat	Voltaire. N. par The Juggler.
		Élisa	Corsair. Élise.
	Miss-Pierce	Succès	Télégraph. N. par The Juggler.
		Lady-Pierce	américaine.
Yvonne	Faust (1851).	Loutherbourg	Mameluke. Smolensko Mare.
		Rambler Mare	Rambler. Bomby-Betty par Robin-Hood.
	N.	Noteur	Eylau. La Diomède.
		N.	Phœnomenon.

Né chez M. Coiffé, à la Cochère (Orne).

1887 a gagné. . . . . 24,320 fr. } 28,195 fr.
— 88 — 3,875

Vitesse 1887, Caen, 1' 41".
— —88, Vincennes, 1' 42".

Acheté à M. le Comte Dauger . . . . . 11,000 fr.
Le Pin : 1889.

Sommes gagnées par ses produits :

1894. . . . . 7,690 fr.

GALBA. A. — 1 65. — 1884. HN.

Phaéton. . . .	The Heir-of-Linne.	Galaor	Muley-Molock. Dariolctta.
		Mrs Walker	Jereed. Zinganee-Mare.
	N.	Crocus.	
		Élisa	Corsair. Élise.
Fleur-de-Genêt (1).	Gall.	Kapirat	Voltaire. N. par The Juggler.
		N.	Sir Henri.
	Belle-de-Jour (2) . .	Inkermann.	Utrecht. Ordillia par Kœnigsberg.
		Fatmey	Tipple-Cider. N. par Eylau.

Né chez M. L. Fleury, à Saint-Léger-sur-Sarthe (Orne).

1887 a gagné. . . . . 12,413 fr.

Vitesse 1887, Caen, 1' 42".

Acheté à M. Fleury . . . . . 12,000 fr.

Le Pin : 1888.

SOMMES GAGNÉES PAR SES PRODUITS :

1892 . . . . 51,862 fr. | 1893 . . . . 1,825 fr.

1894 . . . . 3,823 fr.

---

(1) Fleur-de-Genêt, A., 1875, a produit :

1879 Bluette, par Quiclet.
—82 Ecolière, par Phaéton, gagnante à 3, 4 et 5 ans de 26,565 fr. — Record 1' 36" (mère de Mancelle, par Edimbourg).
—84 Galba.
—87 Javeline, par Phaéton, gagnante à 3 ans de 600 fr. — Record 1' 48".
—88 Levraut, par Phaéton, v. p. 125.

(2) Belle-de-Jour, grand'mère de Flibustier, v. p. 68.

NOTA. — Un étalon du nom de Galba (par The Juggler et une fille de Y. Topper) a fait la monte dans la circonscription de Saint-Lô de 1844 à 1854.

Productions de GALBA :

Cagnotte, i. d' Conquérant.
Gondolier, i. d' Noville.
Lady-Namitt, i. d' Tigris.
E La Harpe, i. d' Rivoli.
E Lahire, i. d' Normand.
E Lance-à-Mort, i. d' Qui-Vive, v. p. 119.
La Mère-Angot (1), i. d' Normand.
La Mère Godichon, i. d' Noville.
Licheur, i. de Mazeppa.
Liseron, i. d' Tigris.
E Louvard (2), i. d' Noville.
Lucide, i. d' Valencourt.
Mai, i. d' Conquérant.
Manneville, i. d' Noville.
Mélusine (3), i. d' Qui-Vive.
Mexicaine, i. d' Tigris.
Michael, i. d' Valencourt.
Mirabelle, i. d' Réussi (p. s.).
E Monarque, i. d' Conquérant.
Mortillon, i. de Good-Night.
Moscovite, i. d' Conquérant.
Nana, i. d' Beaugé.
Nantaise (3), i, d' Qui-Vive.
Narguilhé, i. d' Tigris.
Niémen, i. d' Tigris.
Néssie, i. d' Tigris.
Nobilet, i. d' Tigris.
Observateur, i. d' Domaschny.
Ohpas, i. d' Extase.
Ondoyant, i. d' Ventre-Saint-Gris.
Palestro, i, d' Normand.
Pantin, i. d' Conquérant.
Paoli, i. d' Tigris.
Peau-d'Ane, i. de Ida.
Pollux, i. d' Noville.
Pomme-d'Api (3), i. d' Qui-Vive.
Pont-l'Evêque, i. d' Hippomène.
Priori, i. d' Favori.
Quarter, i. d' Dictateur.
Queen, i. d' Tigris.
Quinte, i. d' Hippomène.
Quitte-ou-Double, i. d' Tigris.
Qui-Va-La, i. d' Cherbourg.
Ruy-Blas, i. d' Tigris.
Yvonne, i. d' Tigris.

---

(1) La Mère-Angot, B., 1889, gagnante à 3 ans de 4,487 fr. — R. 1' 42", à Levallois.
(2) Louvard est par Galba ou Hardy.
(3) Pour Mélusine, Nantaise et Pomme-d'Api, voir Lance-à-Mort, p. 119.

GENGIS-KHAN. N. — 1,56. — 1884. HN.

Valencourt . .	Niger	T.N. Phœnomenon.	Old-Phœnomenon.
			Mecklembourgeoise.
		Miss-Bell	américaine.
	Alphérie	Fitz Pantaloon . . .	Pantaloon.
			Rébuff par Camel.
		Ida II	William.
			Ida par Basly.
Commère (1) .	Normand	Divus	Québec.
			N. par Electrique.
		Balsamine.	Kapirat.
			N. par Débardeur.
	Courtisane	Conquérant.	Kapirat.
			Élisa.
		Sans-Façon (2) . . .	T. N. Phœnomenon.
			N. par Télégraph.

Né chez M. E. Le Proux, à Manneville-la-Pipard (Calvados).

1887 a gagné. . . . . 5,475 fr.

Vitesse 1887, Caen, 1' 47".

Acheté à M. Margrin . . . . 10,000 fr.

Lamballe : 1888.

---

(1) Commère, Bb., 1880, a produit :

1884 Gengis-Khan.

—85 Hercule-Normand, par Tigris, v. p. 88.

(2) Sans-Façon, 1858, a couru avec succès sous les couleurs de M. de Basly, elle est indiquée par M. du Hays, par Gainsborough ou Phœnomenon.

GLANEUR. N. — 1.58. — 1884. HN.

Valdempierre.	Normand	Divus	Québec. N. par Electrique.
		Balsamine	Kapirat. N. par Débardeur.
	Rosière	Conquérant	Kapirat. Élisa.
		Papillote	Perruquier. N. par Succès.
Fille-de-Cœur (1).	T. N. Phœnomenon.	Old-Phœnomenon.	
		Mecklembourgeoise.	
	Dame de Cœur (2).	Wildfire	Old-Phœnomenon. Fareway.
		N.	Friedland. N. par Aï.

Né chez M. C. Forcinal, à Neuville (Orne).

1887 a gagné.	4,030 fr.	9,055 fr.
—88 —	5,025	

Vitesse 1887, Flers, 1′ 42″.
— —88, — 1′ 44″.

Acheté à M. Forcinal. . . . . 8,000 fr.
Le Pin : 1889.

---

(1) Fille-de-Cœur a produit :

1871 Persévérant, par J'Y-Songerai.
—72 Quotidien, par Thésée.
—73 Romance, par Faust.
—76 Utile, par Marx.
—79 Balafré, par Marx.
—82 Elise, par Serpolet, B., gagnante à 3 ans de 220 fr. — Record 1′ 51″.
—83 Franc-Tireur, par Serpolet, B., gagnant à 3 ans de 650 fr. — Record 1′ 53″.
—84 Glaneur.

(2) Dame-de-Cœur, R., 1853, gagnante de nombreuses courses de 1856 à 1859, a produit :

Bon-Cœur, par Prince-Colibri.
Fille-de-Cœur.
1863 Homme-de-Cœur, par T. N. Phœnomenon, E., à Lamballe, de 1867 à 1870.
—73 Rachel, par Faust.
—74 Souverain, par Marx.
—75 As-de-Cœur, par Marx.
—76 Uranie, par Niger, mère de Parfumeuse, par Fuschia.

HARDY. B. — 1.67. — 1880. HN.

Normand ou Y. Quick-Silver	Quick-Silver.		
	anglaise.		
L'Abbaye (1).	Ouvrier.	Performer.	
		Marquise (3)	Old-Phœnomenon. anglaise.
	Octavia (2)	anglaise.	

Né chez M. Merlin, à Saint-Victor-l'Abbaye (Seine-Inférieure).

A gagné en 1883-84-85 et 1886 la somme de 31,915 fr.

Vitesse 1884, Rouen, 1' 39".
— —85, Vincennes, 1' 39".

Acheté à M. le Comte J. Lahens . . . . . . 12,000 fr.
Le Pin : 1888.

Sommes gagnées par ses produits :

1892 . . . . 12,185 fr.
—93 23,310

1894 . . . . 12,990 fr.
—95 21,279

---

(1) L'Abbaye, Bb. 1867, a produit :

1873 Réveillon, par Y. Q. Silver.
—74 Saint-Victor, par Conquérant.
—75 Carmen, par Y. Q. Silver.
—77 Estafette, par Y. Q. Silver.
—78 Fanfaron, par Y. Q. Silver.
—80 Hardy.

1882 Jeannette, par Serviteur.
—84 Lutteur, par Seul.
—85 Mandarine, par Mandarin.
—87 Olivette, par Seul ou Serviteur.
—90 Renegat, par Zut (p. s.).

(2) Octavia est la mère de Joliette (1882), par Serviteur et de Khan (1883), par Serviteur.

(3) Marquise, anglaise, née vers 1835, est la mère de : Bayadère, Fridoline, Ouvrier, Talma.

Productions de HARDY :

Bariolet, i. d' Noville.
Héros, i. d' Tigris.
Ida, i. d' Ipsilanty, v. p. 20.
La Lexonnienne, i. d' Jakson.
Lama, i. d' Affidavit (p. s.).
La Mère Michel, i. d' Rivoli.
Lancelot, i. d' Kilomètre.
E Landgrave (1), i. d' Tigris.
Lara, i. d' Valencourt.
Lavallière (2), i. d' Noville.
E Lazarone, i. d' Noville.
Lérida, i. d' Normand.
Libéral, i. d' Escapade (p. s.).
E Lingot-d'Or, i. d' Conquérant.
E Loustic, i. d' Conquérant.
Lutine, i. d' Conquérant.
Lutine, i. d' Gabier (p. s.).
Mac-Clelan, i. d' Valencourt.
E Mac-Gregor, i. d' Rivoli.
Mme de Maintenon, i. d' Phaëton.
Mlle La Braise, i. d' Consul.
E Mage, i. d' Tigris.
Magenta, i. d' Noville.
Marceau, i. d'Polkantchick.
Marcelet, i. d' Noville.
Marche-Gaie, i. d' Noville.
Marythorn, i. d' Noville.
Martinette, i. d' Conquérant.
E Masséna, i. d' Rivoli.
Mélusine, i. d' Rêche.
Merveilleuse, i. d' Conquérant.
Mina, i. d' Marignan.
Mirabelle, i. d' Gabier (p. s.).
Mireille, i. d' Conquérant.
E Monaco, i. d' Conquérant.
Morainville, i. d' Conquérant.
Myreille, i. d' Y.
Nacelle, i. d' Phaëton.
Narr-Havas, i. d' Serviteur.
Nathalie, i. d' Conquérant
Navarin, i. d' Valdempierre.
Nemrod, i. d' Normand.
Nonette, i. d' Serviteur.
Nougat (3), i. d' Serpolet R.
Novice, i. d' Consul (p. s.).
Nuage, i. d' Tigris.
Nuit-de-Mai (4), i. d' Lavater.
Odéon, i. d' Serpolet R.
Oiseleur, i. d' Serpolet R.
Olympe, i. d' Serviteur.
Ondine, i. d' Ornement.
Opale, i. d' Serviteur.
Opéra, i. d' Serviteur.
Orne, i. d' Briseis.
Reine des Prés, i. d' Noville.
Salambo, i. de Laurel-Leaf (p. s.).
Samson, i. d' Normand ou Noville.
Saphir, i. d' Noville.
Sarthe, i. d' Slowmatch (p. s.).
Sobriquet, i. d' Ipsilanty, v. p. 20.
Tarentule, i. d' Phaëton.
Tartarin, i. d' Noville.
Topaze, i. d' Illusion.
Turquoise (5), i. de Valeur (p. s.).

---

(1) Landgrave, Bb., 1889, gagnant à 4 ans de 10,000 fr. — R. 1' 39". Acheté à M. Gost 10,000 fr., E. à Compiègne.
(2) Lavallière, B., 1889, gagnante à 3 et 4 ans de 4,695 fr. — R. 1' 48".
(3) Nougat, N., 1891, gagnant à 3 ans de 8,870 fr. — R. 1' 43".
(4) Nuit-de-Mai, N., 1891, gagnante à 3 et 4 ans de 5,540 fr. — R. 1' 40".
(5) Turquoise, B., 1892, gagnante à 3 ans de 5,099 fr. — R. 1' 46".

HARLEY (1). N. — 1.63. — 1885. HN.

Phaëton. . . .	The Heir-of-Linne. .	Galaor	Muley-Molock.
			Darioletta.
		Mrs Walker.	Jereed.
			Zinganee-Mare.
	La Crocus	Crocus.	
		Élisa	Corsair.
			Élise.
Turlurette (2).	Normand	Divus.	Québec.
			N. par Electrique.
		Balsamine	Kapirat.
			N. par Débardeur.
	Niska	Ignace	Centaure.
			N. par Lanercost.
		Petite-de-Mer (3). .	Usager.
			Margot par Dorus (4).

Né chez M. C. Hervieu, à Petiville (Calvados).

1888 a gagné. . . .	6,110 fr.		40,995 fr.
—89 —	32,268		
—90 —	2,617		

Vitesse 1888, Caen, 1' 39".
— —89, Le Pin, 1' 35".
— —90, Levallois, 1' 38".

Acheté à M. C. Hervieu. . . . . 28,000 fr.
Saint-Lô : 1891.

SOMMES GAGNÉES PAR SES PRODUITS :

1895 . . . . 96,983 fr.

---

(1) Harley a obtenu à l'Exposition internationale de 1889 le 2e prix des étalons trotteurs.

(2) Turlurette, B., 1879, a produit :

1885 Harley.
—86 Indiana, par Phaëton.
—90 Murcie, par Acquila.
—91 Narsès, par Phaëton, gagnante à 4 ans de 700 fr. — Record 1' 51".
—92 Œillade, par Phaëton.
—93 Palestine, par Phaëton.

(3) Petite-de-Mer, grand'mère de Cherbourg, v. p. 29.

(4) Voir pages 29 et 179.

Productions de HARLEY :

Amazone, i. de Haydée.
Autrefois, i. de Kama.
Clémence (1), i. d' Lavater.
Ismaël, i. d' Descartes.
Ob, i. d' Lavater.
Obole (2), i. d' Lavater.
Observateur (3), i. d' Valencourt.
Odéon, i. d' Lionceau.
Offensée, i. d' Niger.
E Officiel, i. d' Sénéchal.
Omelette (4), i. d' Cherbourg.
Ondine, i. de Frimousse.
Ondine, i. d' Qui-Vive.
Onéga, i. d' Lavater.
Oribase (5), i. d' Kilomètre.
Orpheline, i. d' Ugolin.
Ornano, i. d' Lavater.
E Oscar (6), i. d' Reynolds.
Othon, i. d' Lavater.
Oubliette, i. d' Lavater, v. p. 224.
E Oudinot, i. de l'Incroyable (p. s.).
E Oui-Dà, i. d' Lavater.
Oural, i. d' Lavater.
Ouville, i. d' Lavater.
Page, i. d' Ugolin.
Pascaline, i. de Orpheline.
Patte, i. d' Reynolds.
Paysanne, i. d' Lavater, v. p. 224.
Penn-Kalet, i. d' Lavater.
Pepita, i. d' Colporteur.
Pessac, i. d' The Heir-of-Linne.
Petit-Ville, i. d' Niger.
Phare, i. d' Lavater.
Pincette, i. d' Lavater, v. p. 224.
Pithiviers, i. d' Carnavalet.
Planète, i. d' Lavater.
Plume-au-Vent, i. d' Rivoli.
Pluton, i. de Junon.
Pornic, i. d' Lavater.
Précieuse, i. d' J'y-Songerai, v. p. 226.
Puebla, i. d' Lavater.
Quadran, i. d' Valencourt.
Quartz, i. d' Lavater.
Quatre, i. d' Domino-Noir.
Québec, i. d' Fontenay.
Quedillac, i. d' Colporteur.
Quenoc, i. d' Elan.
Queribert, i. d' Lavater.
Ques-Aco, i. d' Ugolin.
Quille-en-Bois, i. de Isaure.
Quilva, i. d' Kilomètre.
Quimerick, i. d' Lavater.
Quinconce, i. d' Lavater, v. p. 224.
Quinerville, i. d' Marin.
Quito, i. d' Lavater.
Rachel, i. d' Fontenay.
Radama, i. d' Carnavalet.
Ranville, i. d' Niger.
Raquette, i. d' Valencourt.
Régent, i. d' Colporteur.
Réjane, i. d' Fontenay.
Rip-Rip, i. d' Lavater.
Ronsard, i. d' Lavater.
Roscoff, i. de Jouvence.
Rose-Marie, i. de l'Incroyable (p. s.).
Roupie, i. d' Lavater, v. p. 224.
Ruteur, i. d' Lavater.
Saint-Jean (7), i. de Irma.

(1) Clémence, N., 1892, gagnante à 3 ans de 16,265 fr. — R. 1' 37".
(2) Obole, B., 1892, gagnante à 3 ans de 31,972 fr. — R. 1' 36", v. p. 224.
(3) Observateur, Bb., 1892, gagnant à 3 ans de 5,732 fr. — R. 1' 45", E. en Suisse.
(4) Omelette, Bb., 1892, gagnant à 3 ans de 5,840 fr. — R. 1' 46".
(5) Oribase, N., 1892, gagnant à 3 ans de 5,951 fr. — R. 1' 41".
(6) Oscar, A., 1892, gagnant à 3 ans de 6,815 fr. — R. 1' 39". Acheté 9,000 fr., E. au Pin.
(7) Saint-Jean, B., 1892, gagnant à 3 ans de 6,355 fr. — R. 1' 41".

HERCULE-NORMAND. N. — 1.58. — 1885. HN.

Tigris.	Lavater.	Y ou Crocus.	
		Candelaria.	
	Modestie	The Heir-of-Linne. .	Galaor.
			Mrs Walker.
		Négresse	Ugolin.
			N. par Lahore.
Commère (1)	Normand	Divus.	Québec.
			N. par Electrique.
		Balsamine.	Kapirat.
			N. par Débardeur.
	Courtisane	Conquérant.	Kapirat.
			Élisa.
		Sans-Façon	T. N. Phœnomenon.
			N. par Telegraph.

Né chez M. E. Le Roux, à Manneville-la-Pipard (Calvados).

1888 a gagné. . . . . 12,233 fr.
— 89 — 17.050
} 29,283 fr.

Vitesse 1888, Caen, 1′ 44″.
— —89, Vincennes, 1′ 39″.

Acheté à M. Margrin. . . . . . 15,000 fr.

Le Pin, 1890.

(1) Commère est la mère de Gengis-Khan, v. p. 82.

HERNANI. A. — 1.60. — 1885. HN.

Phaëton	The Heir-of-Linne	Galaor	Muley-Molock.
			Darioletta.
		Mrs Walker	Jereed.
			Zinganee-Mare.
	La Crocus	Crocus	anglais.
		Élisa	Corsair.
			Élise.
Sérénade	Lucain	Eylau	Napoléon.
			Delphine.
		Désirée	Talma.
			N. par Jaggar.
	N.	Ottoman	Faliero.
			N. par Basly.

Né chez M. E. Duval, à Putot-en-Auge (Calvados).

1888 a gagné. . . . . 12,713 fr.

Vitesse 1888, Caen, 1′ 44″.
— Vincennes, 1′ 42″.

Acheté à M. Lallouet . . . . 11,000 fr.

La Roche-sur-Yon : 1889.

HÉRODE. — A. 1.61. — 1891. HN.

Fuschia	Reynolds	Conquérant	Kapirat.
			Élisa.
		Miss-Pierce	Succès.
			Lady-Pierce.
	Rêveuse	Lavater	Y. ou Crocus.
			Candelaria.
		Sympathie	Pédadogue.
			Débutante.
Niobé (1)	Phaëton	The Heir-of-Linne	Galaor.
			Mrs Walker.
		La Crocus	Crocus.
			Élisa.
	Patrie	Y. Quick-Silver	Quick-Silver.
			anglaise.
		Rigolette	Bayard.

Né chez M. Lemonnier, à Goustranville (Calvados).

1894 a gagné. . . . . 17,785 fr.

Vitesse 1894, Vincennes, 1′ 37″.

Acheté à M. Lemonnier . . . . 20,000 fr.

Saint-Lô : 1895.

(1) Niobé, A., 1884, a produit :

1888 Rose-Noir, par Edimbourg, gagnante à 3 ans de 350 fr. — R. 1′ 59″.
—89 Soubrette, par Edimbourg.
—91 Hérode.
—92 Isabeau par Valencourt.
—93 Jactance, par Valencourt.
—94 Kalmouk, par Valencourt.

NOTA. — Trois étalons du nom d'Hérode font la monte en France : 1° Hérode, Bb, 1885, par Barabas et Séducteur, E., au Pin ; 2° Hérode, B., 1885, par Typique et Libérator, E., à la Roche ; 3° Hérode, par Fuschia.

HETMANN. A. — 1.61. — 1891. HN.

Fuschia	Reynolds	Conquérant	Kapirat.
			Élisa.
		Miss-Pierce	Succès.
			Lady-Pierce.
	Rêveuse	Lavater	Y. ou Crocus.
			Candelaria.
		Sympathie	Pédadogue.
			Débutante.
Nacelle (1)	Phaëton	The Heir-of-Linne	Galaor.
			Mrs Walker.
		La Crocus	Crocus.
			Élisa.
	Lisbeth (1877)	Trocadéro	Monarque.
			Antonia par Epirus.
		Léopoldine	Florin.
			Fleur de Lys par Ion.

Né chez M. Lemonnier, à Goustranville (Calvados).

1894 a gagné. . . . . . 2,796 fr.

Vitesse 1894, Deauville, 1' 43".

Acheté à M. Lemonnier . . . . 12,000 fr

Le Pin : 1895.

(1) Nacelle, N., 1884, gagnante à 3 ans de 3,850 fr. — R. 1' 43", a produit :

1890 Tricoteuse, par Cicéron II, gagnante à 3 et 4 ans de 3,160 fr. — R. 1' 47".
—91 Hetmann.
—92 Isly, par Qui-Vive! gagnant à 3 ans de 280 fr. — R. 1' 47", E. à Angers.
—93 non suitée.
—94 non suitée.
—95 Labrador, par Qui-Vive!

HIPPOMÈNE. B. — 1.58. — 1876. HN.

Bagdad . . . . (1862).	West-Australian. . . (1850).	Melbourne	Humphrey Clinker.
			N. de Cervantès.
		Mowerina.	Touchstone.
			Emma par Wisker.
	Young-Lady	Ionian	Ion.
			Malibran.
		Prétendante.	Fra-Diavolo.
			Lady par Seymour.
Barbe-d'Or (1)	Mogador	Hlavie, arabe.	
		N.	Spy.
	N.	Y. Phœnomenon.	

Né chez M. Bessagnet, à Auch (Gers).

1879 a gagné. . . . . 20.000 fr.
—80 — . . . . . . 11,780 } 31,780 fr.

Vitesse 1879, Le Pin, 1' 49".
— — Caen, 1' 51".
— 1880, Vincennes, 1' 46".

Acheté à M. Lemonnier. . . . . 14,000 fr.

Goustranville : 1881-85. Le Pin : 1886.

Sommes gagnées par ses produits :

1887	29,427 fr.	1890	11,360 fr.
— 88	21,895	—91	
— 89	9,805	—92	4.380

1893 . . . . 1,417 fr.

---

(1) Barbe-d'Or, A., 1869, gagnante à 3, 4 et 5 ans de 8,550 fr., a produit :
1876 Hippomène.
—78 Théo, par le Major (p. s.).
—83 Français, par Niger.
—89 Baltimore, par Figaro, gagnante à 3 et 4 ans de 7,750 fr. — R. 1' 43".

Productions d'HIPPOMÈNE :

Almée, i. de Lady-Crampton.
Amourette, i. d' Niger.
Anisette, i. d' Niger.
Arabelle, i. d' Affidavit (p. s.).
E Aramis, i. d' Conquérant, v. p. 19.
Audacieuse, i. d' Eclipse.
Augusta, i. d' Conquérant.
Barcarole, i. d' Affidavit (p. s.)
Bayadère (1), i. d' Conquérant, v. p. 19.
Blague, i. d' Eclipse.
Boston, i. d' Conquérant.
Bouquetière, i. d' Niger.
Brioche, i. d' Niger.
Bruyère, i. d' Niger.
Cabriole, i. d' Niger.
Camée, i. d' Niger.
Comète, i. d' Eclipse.
E Content, i. d' Rivoli, v. p. 42.
Créole, i. d' Conquérant.
Créole, i. d' Noville.
Décidé, i. d' Niger.
Duchesse, i. d' Noville.
Ecossaise, i. d' Conquérant.
Egyptienne, i. d' Conquérant.
Electrique, i. d' Interprète.
Elisa, i. d' Normand.
Emeraude, i. d' J'y-Songerai.
Eolienne, i. d' Kilomètre.
Etendart, i. d' Coleraine.
Etincelle, i. de Vallée-d'Or.
Eve, i. d' Conquérant.
Fanchette, i. d' Ornement.
Favorite, i. d' Conquérant.
Feu-Follet, i. d' Normand.
Fidès, i. d' Conquérant, v. p. 19.
Fleur-de-Mai, i. d' Praticien.
Floride, i. d' Noteur.
Folichonne, i. d' Marx.
E Franc-Normand, i. d' Conquérant.
Francœur, i. de Lady-Crampton.
Friponne, i. d' Quiclet.
Frivolité, i. d' Conquérant.
Frou-Frou, i. d' Niger.
Fugitif, i. d' Monfort (p. s.).
Géomètre, i. d' Centaure.
Georgette, i. d' Crocus.
Glos, i. de Pervenche.
Golconde (2), i. d' Normand.
Grenade, i. d' Noteur.
Grosville, i. d' Normand.
E Hasardeux, i. d' Trésorier.
Hasting, i. d' Montfort (p. s.).
Hardi, i. d' Enragé.
E Hardouin, i. d' Quinola.
E Harvey, i. d' Noteur.
Hermine VII, i. d' Conquérant.
Houblon, i. d' Irlandais.
Impétueux, i. d' Ipsilanty, v. p. 20.
E Intrus ex Clarbec, i. d' Conquérant.
Jonquille, i. d' Conquérant.
Kadi, i. de Fedora.
Koklani, i. d' Trocadéro (p. s.).
Lof, i. de Florence (p. s.).
Mal-aux-Cheveux, i. d'Rapid-Roan.
Marquise, i. d' Conquérant.
Merveilleuse, i. d' Tigris.
Messidor, i. d' Serpolet B.
Peluche, i. d' Noville.
Reine-Mabb, i. d' Trocadéro (p. s.).
Rosalie, i. de Flora.

(1) Bayadère, A., 1885 (propre sœur d'Aramis), gagnante à 3 ans de 2,720 fr. — R. 1' 48".

(2) Golconde, B., 1884, gagnante à 3 et 4 ans de 29,073 fr. — R. 1' 38".

HOMARD. Bb. — 1.65. — 1885. HN.

Tigris.	Lavater.	Y. ou Crocus.	
		Candelaria.	
	Modestie	The Heir-of-Linne. .	Galaor.
			Mrs Walker.
		Négresse	Ugolin.
			N. par Lahore.
Diva (1). . . .	Normand	Divus.	Québec.
			N. par Electrique.
		Balsamine.	Kapirat.
			N. par Débardeur.
	Miss Mowbray.		

Né chez M. A. Millot, à Saint-Julien-sur-Calonne (Calvados).

1888 a gagné. . . . . 1,960 fr. } 3,140 fr.
—89 — . . . . . 1,180 }

Vitesse 1889, Caen, 1' 43".

Acheté à M. Millot. . . . . 11,000 fr.

Le Pin : 1890.

Sommes gagnées par ses produits :

1895. . . . . 15,185 fr.

---

(1) Diva, B., 1876, a produit :

1881 Ida, par Noville.
—83 Farfadet, par Uriel.
—85 Homard.
—86 Nina, par Tigris.
—87 Jovial, par Tigris, gagnant à 3 ans de 275 fr. — R. 1' 45", E. à Hennebont.
—89 Lanturlu, par Gallien.
—90 Matadore, par Gallien.
—91 Sirène, par Tigris, gagnante des épreuves à Pont-l'Évêque.
—92 Thétis, par Tigris.
—93 Uranie, par Juvigny.
—94 Vestale, par Juvigny.
—95 Walkyrie, par Michigan.

IBIS. Bb. — 1.64. — 1886. HN.

Lavater. . . .	Y. ou Crocus.		
	Candelaria.		
Deuil (1) . . .	Normand	Divus.	Québec.
			N. par Electrique.
		Balsamine	Kapirat.
			N. par Débardeur.
	Harriet (2)	Charlatan	Caravan.
			Lady-Charlotte.
		Fulvie	Gladiator.
			Boutique.

Né chez M. du Rozier, à Secqueville-en-Bessin (Calvados).

1889 a gagné. . . . . 14,345 fr.

Vitesse 1889, Rouen, 1' 40".

— Vincennes, 1' 43".

Acheté à M. du Rozier. . . . . 13,000 fr.

Saint-Lô : 1890.

---

(1) Pour la production de Deuil, voir Loriot, page 126.
(2) Harriet, grand'mère de Loriot, voir page 126.

IBRAHIM. Bb. — 1.60. — 1886. HN.

Noville ou Tigris . . .	Lavater.	Y. ou Crocus.	
		Candelaria.	
	Modestie	The Heir-of-Linne. .	Galaor.
			Mrs Walker.
		Négresse	Ugolin.
			N. par Lahore.
Fugitive (1) .	Lilas	Conquérant.	Kapirat.
			Élisa.
		N.	Printemps.
	Pluta	Plutus	Trumpeter.
			N. par Plane.
		j. anglaise.	

Né chez M. Lecoispellier, à Cagny (Calvados).

1889 a gagné.	1,400 fr.	}	13,550 fr.
— 90 —	12,150		

Vitesse 1890, Le Pin, 1' 41".
— — 91, — 1' 41".

Acheté à M. Lecoispellier . . . . 12,000 fr.

Le Pin : 1891.

---

(1) Fugitive, Bb., 1877 (v. p. 104).

ILOT. B. — 1,62. — 1886. HN.

Phaëton. . . .	The Heir-of-Linne .	Galaor	Muley-Molock.
			Dariolctta.
		Mr Walker.	Jereed.
			Zinganee-Mare.
	La Crocus	Crocus.	
		Élisa	Corsair.
			Élise par Marcellus.
Neustria. . . .	Normand	Divus.	Québec.
			N. par Electrique.
		Balsamine.	Kapirat.
			N. par Débardeur.
	N.	Eclipse	Performer.
			Léda par Tigris.

Né chez M. Brion, à Gerrots (Calvados).

1889 a gagné. . . . . . . 5,270 fr.

Vitesse 1889, Vincennes, 1′ 43″.

Acheté à M. Brion. . . . . 12,000 fr.

Saint-Lô: 1890.

ILOTE. A. — 1.59. — 1886. HN.

Beaugé	Conquérant	Kapirat	Voltaire. N. par The Juggler.
		Elisa	Corsair. Élise.
	Miss Ambition	Ambition	Y. Phœnomenon. N. par Performer.
		Mlle de Criqueville	Interprète. Annette par Kapirat.
Eva (1)	Phaëton	The Heir-of-Linne	Galaor. Mrs Walker.
		La Crocus	Crocus. Élisa.
	Pégriote	Élu	Idalis. N. par Tipple-Cider.
		Frétillon	Solide. Pégriote par Eylau.

Né chez M. Lindet, à Saint-Léger-sur-Sarthe (Orne).

1889 a gagné. . . . . 9,700 fr.
—90 — . . . . . . 18,655 } 28,355 fr.

Vitesse 1889, Le Pin, 1' 42".
— —90, Vincennes, 1' 38".

Acheté à M. le Marquis de Cornulier. . . . 11,000 fr.

Le Pin : 1890.

(1) Eva, B, 1880, gagnante à 3 ans de 4,470 fr. — R. 1' 51", a produit :
1886 Ilote, par Beaugé.
—88 Kaviar, par Cherbourg, gagnant à 3 ans de 6,791 fr. — R. 1' 47". E. à Lamballe.
—89 Limier, par Edimbourg, gagnant à 3 ans de 2,820 fr. — R. 1' 47". E. à Rosières.
—91 Nitouche, par Fuschia, gagnante à 3 et 4 ans de 4,350 fr. — R. 1' 40".
—92 Obole, par Fuschia.
—94 Quando, par Kalmia.
—95 Richmont, par Fuschia.

IMPRÉVU. A. — 1.61. — 1886. HN.

Albrant. . . .	Normand	Divus.	Québec. N. par Electrique.
		Balsamine.	Kapirat. N. par Débardeur.
	Simonne	Abrantès ou	Noteur.
		N.	Hercule.
Délaissée (1) .	Urville	Montbars	Zouave. Auréole.
		N.	Lucifer.
	N.	Kapirat II.	Kapirat. N. par Perfection.
		j. vendéenne.	

Né chez M. Garreau, à Saint-Étienne de Mont-Luc (Loire-Inférieure).

1889 a gagné. . . .	4,240 fr.	}	8,025 fr.
—90 — . . .	3,785	}	

Vitesse 1890, Caen, 1' 43".

Acheté à M. Bouillé. . . . . 9,000 fr.

Saintes : 1891.

(1) Délaissée, B., 1882, a produit :
1886 Imprévu.
—95 , par Marengo.

INTERNATIONAL. N. — 1.59. — 1886. HN.

Cherbourg	Normand	Divus	Québec.
			N. par Electrique.
		Balsamine	Kapirat.
			N. par Débardeur.
	Peschiera	Extase	Thésée.
			Atalante.
		Anita	Conquérant.
			Petite-de-Mer.
Travailleuse (1)	Marx	1/2 s. Russe.	
	Miss-Bell (2)	américaine.	

Né chez M. C. Forcinal, à Neuville (Orne).

1889 a gagné. . . . . 6,124 fr.

Vitesse 1889, Caen, 1' 44".

Acheté à M. Forcinal . . . . 10,000 fr.

Le Pin : 1890.

---

(1) Travailleuse, N., 1875, gagnante des épreuves au Pin (1878) en 2' 3", a produit :

1880 Cérès, par Serpolet, B., gagnante à 3 ans de 400 fr. — R. 2' 25".
—81 Défenseur par Serpolet, B., gagnant à 3 et 4 ans de 4,990 fr. — R. 1' 40", E. au Pin.
—82 Eperlan, par Serpolet, B.
—84 Grippe-Sous, par Sir-Quid-Pigtail (p. s).
—85 Hachette-Jeanne, par Dictateur, gagnante à 3 ans de 1,175 fr. — R. 1' 49".
—86 International.
—87 Jeanne-Hachette, par Phaëton, gagnante à 3 et 4 ans de 1,800 fr. — R. 1' 50".
—88 Koran, par Phaëton.

(2) Miss-Bell, mère de Niger, v. p. 139.

JAGUAR. B. — 1.64. — 1887. HN.

Beaugé	Conquérant	Kapirat	Voltaire.
			N. par The Juggler.
		Élisa	Corsair.
			Elise par Marcellus.
	Miss-Ambition	Ambition	Y. Phœnomenon.
			N. par Performer.
		Mlle de Criqueville	Interprète.
			Annette par Kapirat.
Belle-Charlotte (1).	Phaëton	The Heir-of-Linne	Galaor.
			Mrs Walker.
		La Crocus	Crocus.
			Élisa.
	Harmonie (2)	Abrantès	Pledge.
			N. par Noteur.
		N.	Séducteur.
			N. par Eylau.

Né chez M. Touchard, à la Fresnaye-sur-Chedouet (Sarthe).

1890 a gagné	22,513 fr.	}	35,863 fr.
—91 —	13,350		

Vitesse 1890, Rouen, 1' 40".
— —90, Vincennes, 1' 42".

Acheté à MM. Lesaunier et Ledars . . . . 20,000 fr.

Cluny : 1892.

---

(1) Belle-Charlotte, B., 1881.

1887 Jaguar.
—88 Kaoline, par Cicéron II.
—89 Lina, par Fiers-à-Bras.
—90 Mlle de Saint-Paul, par Cicéron II.
—92 Occasion, par Fuschia.
—93 Polka, par Fuschia.
—95 Résistante, par Fuschia.

(2) Harmonie, mère d'Edimbourg, v. p. 57.

JAGUAR III. B. — 1.58. — 1887. HN.

Lavater . . .	Y. ou Crocus.		
	Candelaria, anglaise.		
Friandise (1) .	Ministère . . . . . . (1875).	Plutus	Trumpeter. N. par Plane.
		Mon-Étoile	Fitz-Gladiator. Hervine.
	N.	El-Ghor (p. s. a.) .	
		Tarrare (2)	Giboyer. N. par Tarrare.

Né chez M. Prémont, à Sainte-Marie-du-Mont (Manche).

1890 a gagné. . . . . 18,254 fr.
- 91 — . . . . . 10,960 } 29,214 fr.

Vitesse 1890, Caen . . 1' 42".
— —91, Vincennes . 1' 38".

Acheté à MM. Viel et Margrin. . . . . 14,000 fr.

Le Pin : 1892.

(1) Friandise, B., 1883, a produit :

1887 Jaguar III.
—90 Mars, par Frondeur.
—91 Ninon, par Fontenay.

(2) Tarrare, voir Pactole, page 156.

JAMES-WATT. A. — 1.61. — 1887. HN.

Phaëton	The Heir-of-Linne	Galaor	Muley-Molock. Darioletta.
		Mrs Walker	Jereed. Zinganee-Mare.
	La Crocus	Crocus.	
		Élisa	Corsair. Élise, par Marcellus.
Dame-d'Honneur (1).	Vichnou (1871).	Le Sarrazin	Monarque. Constance, p. Gladiator.
		Valériane	Aviceps. Valéria par Sting.
	Mlle de Neuville.	Élu	Idalis. N. par Tipple-Cider.
		Impatiente	Gaulois ou Inkermann. N. par Noteur.

Né chez M. C. Forcinal, à Neuville, près Sées (Orne).

1890 a gagné. . . . . 12,529 fr.

Vitesse 1890, Caen, 1' 40".
— Le Pin, 1' 41".

Acheté à M. C. Forcinal. . . . . 14,000 fr.
Le Pin : 1891.

SOMMES GAGNÉES PAR SES PRODUITS :

1895 . . . . 8,850 fr.

(1) Dame-d'Honneur, A., 1881, a produit :

1886 Isabelle II, par Barrabas.
—87 James-Watt.
—89 Laura-Pearl, par Barrabas.

JEUNE-TOUJOURS. A. — 1.59. — 1887. HN.

Serpolet-Rouan	Conquérant.	Kapirat	Voltaire. N. par The-Juggler.
		Élisa	Corsair. Élise.
	La Mère.	Confidence	Voltaire. Cybèle, par Royal.
		Irlandaise.	
Pluta (1)	Plutus . . . . (1853).	Trumpeter	Orlando. Cavatina.
		N.	Planet. Alice Bray.
	j. barbe.		

Né chez M. Lanfray, à Maronne (Seine-Inférieure).

1890 a gagné		7,515 fr.	36,946 fr.
— 91	—	18,631	
— 92	—	10,800	

Vitesse 1892, Levallois, 1' 35".

Acheté à M. Lanfray. . . . . . 21,000 fr.

Le Pin : 1893.

---

(1) Pluta, G., 1870, a produit :
1875 Toujours, par Bayard, gagnant de 50,821 fr. — R. 1' 40".
—77 Fugitive, par Lilas (mère d'Ibrahim), gagnante à 3 et 4 ans de 7,145 fr. — R. 1' 50".
—80 Corneille, par Bayard, gagnant à 3 et 4 ans de 3,680 fr. — R. 1' 41", à Caen.
—81 Défenseur, par Réveillon.
—83 Franquette, par Noville, gagnante à 3, 4 et 5 ans de 11,135 fr. — R. 1' 42".
—87 Jeune-Toujours.
—91 Nouveau-Toujours, par Serpolet R., gagnant à 3 ans de 1,442 fr. — R. 1' 50".

JOLIBOIS. B. — 1.63. — 1887. HN.

Cherbourg	Normand	Divus	Québec. / N. par Electrique.
		Balsamine	Kapirat. / N. par Débardeur.
	Peschiera	Extase	Thésée. / Atalante.
		Anita	Conquérant. / Petite-de-Mer.
Dora (1)	Niger	T. N Phœnomenon.	Old-Phœnomenon. / Mecklembourgeoise.
		Miss-Bell	américaine.
	Écolière	Extase	Thésée. / Atalante.
		Thérésa	Destin. / Brillante, par Jériko.

Né chez M. Lallouet, à Semallé (Orne).

1890 a gagné. . . . . . 14,131 fr.

Vitesse 1890, Vincennes, 1'39".

Acheté à M. Lallouet . . . . . . 17,000 fr.

Saint-Lô : 1891

(1) Dora, A., 1881, a produit :

1887 Jolibois.

—91 Navarin, par Elan, gagnant à 3 ans de 100 fr. — Record 1' 55".

—92 Olga, par Elan.

JOURDAN. A. — 1.58. — 1887. HN.

Valencourt . .	Niger	T. N. Phœnomenon.	Old-Phœnomenon.
			Mecklembourgeoise.
		Miss Bell	Américaine.
	Alphérie	Fitz-Pantaloon . . .	Pantaloon.
			Rebuf, par Camel.
		Ida II.	William.
			Ida, par Basly.
Constance (1).	Noville	Ipsilanty	T.-B. Phœnomenon.
			N. par Sylvio.
		Thérence	Turck.
			Esméralda par Sylvio.
	Fortuna (2)	Tonnerre-des-Indes.	The Baron.
			Sérénade, par Royal-Oak.
		Harriet (3)	Charlatan.
			Fulvie, par Gladiator.

Né chez M. Ricard, à Villerville (Calvados).

1890 a gagné . . . 14.387 fr.

Vitesse 1890, Rouen, 1' 40".

Acheté à MM. Ricard et Margrin. . . 14, 000 fr.

La Roche-sur-Yon : 1891.

SOMMES GAGNÉES PAR SES PRODUITS :

1895. . . . . 17,063 fr.

(1) Constance, B., 1881, a produit :
1886 Impartial, par Valencourt. E. à Aurillac.
—87 Jourdan, par Valencourt.
—91 Nancy, par Valencourt.
—94 Quenotte, par Juvigny.

(2) Fortuna, A., 1874, a produit :
1878 Tulipe, par Libérator.
—79 Bérénice, par Kilomètre, gagnante à 3 et 4 ans de 5,816 fr. — R. 1' 47".
—80 Capucine, par Conquérant, gagnante de 127,127 fr. — R. 1' 35".
—81 Constance, par Noville.
—82 Marguerite, par Ulrich II, gagnante à 3 ans de 650 fr. — R. 1' 48".
—84 Grenadine, par Tigris.
—86 Iris, par Rivoli.
—87 Queen, par Rivoli.
—88 Églantine, par Tigris.
—89 Léonidas, par Tigris, gagnant à 3 ans de 4,960 fr. — R. 1' 45".
—91 Noisette, par Homard.
—92 Olympia, par Homard.

(3) Harriet, grand'mère de Loriot, v. p. 126.

JUVIGNY. N. — 1.61. — 1887. HN.

Cherbourg . .	Normand	Divus.	Québec. N. par Electrique.
		Balsamine.	Kapirat. N. par Débardeur.
	Peschiera	Extase	Thésée. Atalante.
		Anita.	Conquérant. Petite-de-Mer.
Formosa (1) .	Niger.	T. N. Phœnemenon.	Old-Phœnomenon. Mecklembourgeoise.
		Miss-Bell	Américaine.
	Confiance.	Gaulois.	Fitz-Pantaloon. N. par Montaigne.
		Céline	Brocardo. N. par Performer.

Né chez M. Grégoire, à Almenèches (Orne).

1890 a gagné. . . . . 16,843 fr.

Vitesse 1890, Caen. 1' 40".

Acheté à M. Lallouet. . . . . 20,000 fr.

Le Pin : 1891.

SOMMES GAGNÉES PAR SES PRODUITS :

1895 . . . . . 21,015 fr.

---

(1) Formosa, N., 1880, a produit :
1887 Juvigny.
—88 Idole, par Cherbourg, gagnante à 3 ans de 1,285 fr. — Record 1' 51".
—90 Mahé, par Cherbourg, E. à Saint-Lô.
—92 Oudineau, par Cherbourg, E à Saintes.
—93 Prince-Royal, par Cherbourg.
—94 Quelen, par Cherbourg.
—95 Rembrand, par Cherbourg.

J'Y-SONGERAI. B. — 1.65. — 1865 (approuvé). HN. 1872.

The Heir-of-Linne	Galaor	Muley-Molock	Muley. / Nancy.
		Darioletta	Amadis. / Selima.
	Mrs Walker	Jereed	Sultan. / My-Lady.
		Zinganee-Mare	Priam ou Zinganee. / Orville-Mare.
Bijou	N.	Favori	Emule.
	N.	Vautour	Y. Rattler.
		N.	Corbeau. / N. par Latitat.

Né chez M. Joseph Lafosse, à Saint-Côme-du-Mont (Manche).

1868 a gagné	1,800 fr.	9,350 fr.
— 69 —	6,100	
— 70 —	1,450	

Vitesse 1869, Caen, 1' 40".

Acheté à M. Revel. . . . . 10,000 fr.

Saint-Lô : 1870-74 (Braisne : 1875).

SOMMES GAGNÉES PAR SES PRODUITS :

1874	8,250 fr.	1882	15,475 fr.
—75	13,415	—83	11,775
—76	15,300	—84	7,925
—77	22,425	—85	3,095
—78	8,975	—86	6,075
—79	8,950	—87	5,475
—80	14,750	—88	6,780
—81		—89	4,525

Productions de J'Y-SONGERAI :

Adélaïde, i. d' Rousseau.
Asnelles, i. d' j. irlandaise.
Béthune.
Bielgorod, i. de Oudatchnya.
Brillante, i. d' Affidavit (p. s.).
Carmine, i. d' Divus.
Caroline (1), i. d' Divus.
Chimère, i. de Lastotschka (russe).
Clairvoyante, i. d' Succès, v. p. 223.
Crassa, i. de Oudatchnaya (russe).
Dacia, i. de Zabatnaya (russe).
Dentelle, i. de Oudatchnaya (russe).
Dépêche, i. de Arrogance (p. s.).
Eucharis, i. d' Atlanta.
Fanfreluche, i. d' Général.
Ferrare, i. d' Eudoxie.
Fleur-de-Mai, i. d' Conquérant.
Frise.
Georgette, i. d' Y.
Huguenote, i. d' Ouvrier.
Jeanne-d'Arc, i. de Atalante.
L'Etoile, i. d' Impétueux.
Lisette, i. d' Clair-de-Lune.
Persévérant, i. d' Phœnomenon, v. p. 83.
Peters, i. d' Pretty-Boy (p. s.).
Picciola, i. d' Kapirat.
Polka, i. d' Pater.
Pourquoi-Pas (2), i. de Gazelle, par T. N. Phœnomenon.
Prince-Noir, i. de Yvonne.
Qu'en dira-t-on (3), i. de Atalante.
E Quinet ex Quine, i. d' j. anglaise.
Rameur, i. d' Succès.
Rataplan, i. de Etoile.
Rébecca, i. d' j. anglaise.
E Récipient, i. d' j. anglaise (approuvé).
E Repeller, i. d' Garibaldi.
E Réveillon (4), i. d' Agenda.
Rosette, i. d' Uzel.
E Saïd, i. de Médine.
E Saint-Denis, i. d' Ugolin.
Sansonnet, i. d' Kapirat.
E Seul, i. de La Zélée (p.s.).
E Shérif-ex-Solo, i. d' Jarnac.
Sinus, i. d' Kapirat.
Songe, i. de Médine.
Spartacus.
Surprise, i. d' Corsair, v. p. 226.
E Tabago, i. d' Ugolin.
Tabarin, i. d' Ugolin.
Talbert, i. d' Sancho.
Tambour-Major, i. d' Uhlan.
Tartuffe, i. de Etincelle.
Tibère, i. d' Agenda.
Tite, i. d' Lothaire.
Tout ou Rien, i. d' Honorable.
Trocadéro, i. d' Ugolin.
Uranie.
Usurpator, i. d' Niémen.
Verlomont, i. d' Pretty-Boy (p. s.).
Vestale, i. d' Agenda.
Virginie, i. de Bessie.
West-Runner, i. de Bessie.
Wind, i. de Volante.

---

(1) Caroline, mère d'Alaric, E. au D. du Pin.
(2) Pourquoi-Pas, Bb,. 1871, gagnant de 91,095 fr. — R. 1' 35".
(3) Qu'en-dira-t-on, Bb., gagnant à 3, 4 et 5 ans de 8,400 fr. — R. 1' 45".
(4) Réveillon, Bb., 1873, gagnant à 3 et 4 ans de 15,950 fr. — R. 1' 47", E. au Pin.

KABOUL. Bb. — 1.61. — 1888. HN.

Cherbourg	Normand	Divus	Québec.
			N. par Electrique.
		Balsamine	Kapirat.
			N. par Débardeur.
	Peschiera	Extase	Thésée.
			Atalante.
		Anita	Conquérant.
			Petite-de-Mer.
Champagne II (1).	Rivoli	Conquérant	Kapirat.
			Elisa.
		N.	Coleraine.
	Champagne (2)	Lavater	Y. ou Crocus.
			Candelaria.
		The Heir-of-Linne	The Heir-of-Linne.
			Bailliette par Hautain

Né chez M. Le Got, à Flers (Orne).

1891 a gagné. . . . 8,021 fr.
—92 — . . . . 11,720 } 19,741 fr.

Vitesse 1892, Toulouse, 1' 35".

Acheté à M. de Lotherie. . . . . 13,000 fr.

La Roche-sur-Yon : 1893.

---

(1) Champagne II, B., 1883 a produit :
1887 Janina, par Bruce (p. s.), gagnante à 3, 4 et 5 ans de 5,492 fr. — R. 1' 45".
—88 Kaboul.
—89 Lolâ-Montès, par Phaëton.

(2) Champagne, B., 1875 (propre sœur de Champêtre, mère de Favori), gagnante de 19,980 fr., a produit :
1883 Champagne II.
—84 Champagne III, par Rivoli.
—85 Harcourt, par Upas.
—86 Isabelle, par Cherbourg, gagnante à 3 ans de 1,775 fr. — R. 1' 45" (mère d' Omelette, par Harley).
—87 Veuve Cliquot, par Cherbourg, mère de l'E. Oldembourg, v. p. 163.
—88 Fine-Champagne, par Cherbourg, gagnante de 18,000 fr. — R. 1' 37".
—89 Le Champy, par Ulrich, E. à Cluny.
—90 Miss-Malaga, par Ulrich.
—92 Old-Champagne, par Phaëton, gagnante à 3 ans de 950 fr. — R. 1' 53".
—94 Quodoraki, par Jaguar.

KACHEMYR. — N. 1.63. — 1888. HN.

Phaëton	The Heir-of-Linne	Galaor	Muley-Molock. Darioletta.
		Mrs Walker	Jereed. Zinganee-Mare.
	La Crocus	Crocus	1/2 sang anglais.
		Élisa	Corsair. Élise.
Fille-Normande (1)	Normand	Divus	Québec. N. par Electrique.
		Balsamine	Kapirat. N. par Débardeur.
	Théréza	Hannon	T. N. Phœnomenon. N. par Kramer.
		Gazelle	Élu. Pégriotte, par Eylau.

Né chez M. Depreptit, à la Sauvagère (Orne).

1891 a gagné. . . . . 12,093 fr.

Vitesse 1891, Bernay, 1'41".
— Caen, 1'44".

Acheté à M. Lallouet . . . . . 18,000 fr.

Saint-Lô : 1892.

(1) Fille-Normande, B, 1883.
1888 Kachemyr.
—90 Mistral, par Cicéron II.
—91 Nérée, par Cherbourg.
—93 Prima-Dona, par Phaëton.
—94 Question, par Kiffis.

KALMIA. Bb. — 1.60. — 1888 (approuvé). Haras de Janval.

Tigris	Lavater	Y. ou Crocus.	
		Candelaria.	
	Modestie	The Heir-of-Linne	Galaor.
			Mrs Walker.
		Négresse	Ugolin.
			N. par Lahore.
Bank-Note (1)	Normand	Divus	Québec.
			N. par Electrique.
		Balsamine	Kapirat.
			N. par Débardeur.
	Débutante	Pretty-Boy	Idle-Boy.
			Lena par Glaucus.
		Ioness	Ion.
			Lady-Bangtail par Erymus.

Né chez M. A. du Rozier, à Secqueville-en-Bessin (Calvados).

1891 a gagné	23,105 fr.	37,330 fr.
—92 —	14,225	

Vitesse 1891, Vincennes		1' 41".
— —92, Rouen		1' 35".
— —92, Caen		1' 41" sur 6000 mètres.

La Cochère : 1893.

(1) Bank-Note, N., 1879, a produit :
1883 Française, par Niger, gagnante à 3 ans de 200 fr. — R. 2' 06".
—84 Gargantua par Niger, gagnant à 3 et 4 ans de 8,345 fr. — R. 1' 43".
—85 Hébé III, par Niger, gagnant à 3 ans de 400 fr., est la mère de Manon et de Narquois, par Fuschia, v. p. 137.
—88 Kalmia.
—89 Léda, par Tigris, gagnante à 3, 4, 5 et 6 ans de 146,845 fr. — R. 1' 33".
—90 Montjoie, par Tigris, gagnant à 3 ans de 2,390 fr. — R. 1' 42", E. au Pin.
—93 Peray, par Tigris.
—95 Rosporden, par Qui-Vive !

KÉPI. B. — 1.60. — 1888 (approuvé). M. Tocque.

Flibustier . . .	Phaëton	The Heir-of-Linne. .	Galaor.
			Mrs Walker.
		La Crocus	Crocus.
			Élisa.
	Voltigeuse	Parthénon	Jactator.
			Brebis, par Voltaire.
		Belle-de-Jour	Inkermann.
			Fatmey.
Thérence (1) .	Kilomètre.	Conquérant.	Kapirat.
			Élisa.
		Yelva.	T. N. Phœnomenon.
			Nanette.
	Gazelle	Bayard ou Bassompierre.	
		Young-Baronness. .	The Baron.
			Isole, p. Prince-Caradoc.

Né chez M. Tocque, à Boissy-le-Châtel.

1891 a gagné	9,420 fr.		63,215 fr.
—92 —	25,655		
—93 —	16,700		
—94 —	11,440		

Vitesse 1893, Levallois, 1' 33", sur 4,250 mètres.
— —94, Vincennes, 1' 34".

Pont-l'Évêque : 1895.

(1) Thérence, B., 1875, a produit :

1879 Brocardo, par Noville.
—80 Cicéron, par Buci.
—82 Eva, par Niger, mère d' Ida, par Camembert.
—84 Gazelle, par Niger.
—85 Hidalgo, par Niger
—88 Képi.
—89 Léa, par Flibustier, gagnante à 3 et 4 ans de 300 fr. — R. 2' 00".
—91 Nina, par Télémaque.
—92 Orangeade, par Juvigny, gagnante à 3 ans de 2,425 fr. — R. 1' 49".

KILOMÈTRE. Bb. — 1.62. — 1866. HN.

Conquérant. .	Kapirat.	Voltaire.	Impérieux.
			La Pilot.
		N.	The Juggler.
			N. par Y. Topper.
	Elisa	Corsair	Knox's Corsair.
			N. par Cleveland.
		Elise	Marcellus
			La Panachée.
Yelva (1). . .	T. N. Phœnomenon.	Old-Phœnomenon.	
		Mecklembourgeoise.	
	Nanette (2)	Black-Jack, américain.	
		Martinette (3), anglaise.	

Né chez M. Lecesme, à Houlgate (Calvados).

1869 a gagné. . . .	3,700 fr.	}	9,450 fr.
—70 — . . .	5,750		

Vitesse 1870, Caen, 1' 47", sur 6,000 mètres.

Acheté à M. Margerin.

Le Pin : 1871-79.

SOMMES GAGNÉES PAR SES PRODUITS :

1877	7,290 fr.	1881	24,135 fr.
—78	23,790	—82	10,936
—79	30,732	—83	4,900
—80	38,735	—84	

---

(1) Yelva, 1858, gagnante de plusieurs courses au trot en 1861 et 62, a produit :
1866 Kilomètre.
—71 Perlette, par Conquérant gagnante à 3 ans de 1,650 fr. — R. 1' 43.
—74 Saint-Contest, par Normand, gagnant à 3 et 4 ans de 14,360 fr. — R. 1' 50".
—75 Train-de-Poste, par Noville, mère d' Etoile-Filante, par Polkantchick, v. p. 166.
—76 Ulrich II, par Noville, gagnant à 3 et 4 ans de 8,943 fr. — R. 1' 48". E. au Pin. — Acheté 10,000 fr.

(2) Nanette, contemporaine de Succès, Elisa, Thérence et Bayadère, a gagné plusieurs courses en 1855.

(3) Martinette, née vers 1840, gagnante d'une course à Rouen en 1846.

Productions de KILOMÈTRE :

Aigrette, i. d' Libérator.
Alaciel, i. de Volante.
Almenèches, i. d' Brocardo (p. s.).
Amaranthe, i. de Julienne (p. s.).
E Amen (1), i. d' Gontran (p. s.).
Araignée, i. d' Impérial.
Atalante, i. d' Noteur.
Balagny.
Belle-de-Nuit, i. d' Thorigny.
Bérénice (2), i. de Fortuna (p. s.), v. p. 106.
Biche, i. d' Centaure.
Blerencourt, i. d' Succès.
Calino, i. de Centurie.
Cendrillon, i. de Ida.
Commandant, i. d' Tonnerre-des-Indes (p. s).
Conquérant, i. de Eméraude.
Espérance, i. de La Bancale.
Kilomètre, i. d' Umber.
Mandarine, i. d' Matchless II.
Mosaïque, i. d' Carignan.
Myriamètre, i. d' Bassompierre.
Négresse, i. d' Orphelin.
Ninon (3), i. de Jeanne-Hachette.
Percy, i. d' Séducteur.
Polka, i. d' Centaure.
Quadrille, i. d' Phœnomenon.
E Rag-Merchant (4), i. d' Trotten-Rattler.
Rameau, i. d' The Heir-of-Linne (p. s.).
Ramlech, i. de Arrogance (p. s.).
E Rancio, i. d' Héliotrope.
Régent, i. d' Prince.
E Rémouleur, i. d' Galba.
Rosabelle, i. de Miss-Bell, v. p. 139.
Rosoglio, i. de Hersilie II, par Y.
E Ruysdael, i. d' Prince.
Sagitta (5), i, de Volante par The Heir-of-Linne (p. s.).
Sagittaire, i. de Nicotine.
Sans-Pareil, i. d' Foulquet.
Sarrazin, i. d' Bassompierre.
Sunderland, i. de Sophie.
Surdon, i. d' Sylvio (p. s.).
Sylvia (6), i. d' Succès.
Tais-toi, i. d' Matchless II.
E Talma, i. d' Royal-Quand-Même (p. s.).
Tam-Tam (7), i. de Marinade.
Thérence, i. d' Bayard ou Bassompierre, v. p. 113.
Tigrane, i. d' Bailly.
Tilbury, i. d' Matchless.
Toison d'Or, i. de Martinette II.
Torpille, i. d' Séducteur.
E Upas, i. de Pantomine (p. s.), v. p. 197.
Victorieuse (8), i. d' Esculape.
Violette (9), i. d' Galba.
Xantippe, i. d' Centaure.
Zénon, i. de Thalie.
Zéphirine, i. d' Noteur.

---

(1) Amen, B, 1878, gagnant à 3 et 4 ans de 7,330 fr.
(2) Bérénice, demi-sœur de Capucine, v. p. 106.
(3) Ninon, B., 1877, gagnante à 3 et 4 ans de 12,210 fr. — R. 1' 46".
(4) Ray-Merchant, N., 1875, gagnant à 3, 4 et 5 ans de 8,075 fr., E. à Lamballe.
(5) Sagitta, B., 1874, gagnante à 3, 4 et 5 ans de 3,500 fr., mère de La Lance. — R. 1' 42".
(6) Sylvia, Bb., 1874, issue de Bruyère, par Succès et Lady-Pierce, gagnante de 15,190 fr. — R. 1' 44".
(7) Tam-Tam, Bb., 1875, gagnant de 12,200 fr.
(8) Victorieuse, Bb., 1872, a produit : La Victoire, Girofla, César, Flore, Impétueuse, Noisette et Serpolette, mère de Napoléon, v. p. 136.
(9) Violette avec Jactator, a produit en 1878 Agenda (Saint-Lô, 1882-1883).

KILOMÈTRE. B. — 1.67. — 1888. HN.

Cherbourg . .	Normand	Divus.	Québec. N. par Electrique.
		Balsamine.	Kapirat. N. Débardeur.
	Peschiera	Extase	Thésée. Atalante.
		Anita	Conquérant. Petite-de-Mer.
Printanière (1).	Vermouth . . . . . (1861).	The Nabod	The Nob. Hester, par Camel.
		Vermeille.	The Baron. Fair-Helen, par Priam.
	Trompeuse	Fitz-Pantaloon . . .	Pantaloon. Rebuff, par Camel.
		N.	Séducteur.

Né chez M. Serrey, à Essai (Orne).

1891 a gagné. . . . . 9,438 fr.

Vitesse 1891, Levallois, 1' 42".

Acheté au Haras de Beau-Désert. . . . . . 11,000 fr.

La Roche-sur-Yon : 1892-95.

---

(1) Printanière A., 1882, a produit :

1882 Ivan par Beaugé, gagnant à 3 ans de 240 fr. — Record 1' 54".
—88 Kilomètre.
—89 Laborieux, par Edimbourg, gagnant à 3 et 4 ans de 20,085 fr. — Record 1' 38".
—90 Major, par Edimbourg, E. à Saint-Lô.
—91 Nougat, par Edimbourg.
—92 Orne, par Edimbourg.
—93 Printanier, par Cherbourg, Edimbourg ou James-Wat.
—95 Résultat, par Cherbourg.

KOSSUTH. B. — 1,60. — 1888. HN.

Tigris.	Lavater.	Y. ou Crocus.	
		Candélaria.	
	Modestie	The Heir-of-Linne. .	Galaor.
			Mrs Walker.
		Négresse	Ugolin.
			N. par Lahore.
Royale-Normande (1) .	Normand	Divus.	Québec.
			N. par Électrique.
		Balsamine.	Kapirat.
			N. par Débardeur.
	Jeanneton.	Auguste	Monarque.
			Étoile-du-Nord p. The Baron
		Royale-Topaze . . .	Royal-Quand-Même.
			Achaïa par Elis.

Né chez M. A. Léguillon, à Saint-Julien-sur-Calonne (Calvados).

1891 a gagné . . . . 9,992 fr.

Vitesse 1891, Vincennes, 1' 44".

Acheté à M. de Basly . . . 12,000 fr.

Saint-Lô : 1892.

---

(1) Royale-Normande, Bb., gagnante à 3 ans de 550 fr. — Record 2' 07", a produit :

1882 Balsamine par Tigris.
—86 Idole, par Tigris, gagnante à 3 ans de 350 fr. — R. 1' 53".
—87 Java par Tigris.
—88 Kossuth.
—92 Opiniâtre, par Tigris.
—93 Perle-Noire, par Juvigny.
—95 Roquelaure, par Fuschia.

KOZYR. N. — 1.57. — 1877. HN.

Warwar . . .	Tuman	Gorjun	Ussan.
Kokelka . . .			
	Welisaria		
		Sadornaja	Gornostaya.

Né en Russie.

1885 a gagné	4,600 fr.	56,925 fr.
— 86 —	9,725	
— 87 —	23,625	
— 88 —	18.975	

Vitesse 1886, Rouen, 1'"37, sur 4,800 mètres.
— —87, Rouen, 1'"36, sur 4,800 mètres.
— —88, Vincennes, 1'40", sur 6,000 mètres.

Acheté à MM. Yché et Abel . . . . . . 22,000 fr.
Saint-Lô : 1889-93.

LANCE-A-MORT. B. — 1,60. — 1889. HN.

Galba.	Phaëton.	The Heir-of-Linne.	Galaor.
			Mrs Walker.
		La Crocus.	Crocus.
			Élisa.
	Fleur-de-Genêt.	Gall	Kapirat.
			N. par Sir-Henry.
		Belle-de-Jour.	Inkermann.
			Fatmey.
Dame-de-Pique (1).	Qui-Vive !	Affidavit	Javelot.
			Dahlia.
		N.	Esculape.
			N. par Baryton.
	Pomme-d'Api.	Conquérant ou Illico.	
		Cendrillon	Conquérant.
			j. américaine.

Né chez M. A. Léguillon, à Saint-Julien-sur-Calonne (Calvados).

1892 a gagné. . . . . 46,525 fr.

Vitesse 1892, Vire, 1' 35".
— — Vincennes, 1' 40".
— — Caen, 1' 40".

Acheté à M. de Basly. . . . . . 20,000 fr.

Saint-Lô : 1893.

---

(1) Dame-de-Pique, B., 1882, a produit :

1886 Ivan, par Tigris, gagnant à 3 et 4 ans de 6,316 fr. — R. 1' 43", E. à Libourne.
—89 Lance-à-Mort.
—90 Méluzine, par Galba.
—91 Nantaise, par Galba.
—92 Octave, par Echo.
—93 Pomme-d'Api, par Galba.

LAVATER Bb. — 1.64. — 1867 (approuvé).

M. le Marquis de Croix, 1871. — HN. 1874.

Y . . . . . . ou	T. N. Phœnomenon.	Old-Phœnomenon.	
		J. du Mecklembourg.	
	Henriette	Invincible.	Hœmus.
			Regatta par Camel.
		Hunter-Mare	Hunternan.
Crocus (1), anglais (approuvé).			
Candelaria (2), j. anglaise offerte au Marquis de Croix par le général Fleury.			

Né chez le Marquis de Croix à Serquigny (Eure), n'a jamais couru.

Acheté au Marquis de Croix. . . . 10,000 fr.

Le Pin : 1871-1873.

Saint-Lo : 1874-1887.

SOMMES GAGNÉES PAR SES PRODUITS :

1878	13,840 fr.	1885	38,327 fr.
—79	11,800	—86	47,675
—80	18,400	—87	18,437
—81	51,250	—88	27,761
—82	28,540	—89	39,909
—83	39,639	—90	43,659
—84	73,406	—91	28,081

1892 . . . . . 11,085 fr.

(1) La paternité de Lavater est généralement attribuée à Crocus.

(2) Candelaria a produit :
1867 Lavater.
—69 Risquette, par Ipsilanty ou Crocus.
—70 Organique (Etalon approuvé) par Y. Crocus ou Matchless II.

Productions de LAVATER :

Adèle, i. d' The Heir-of-Linne (p. s.).
Adorine, i. d' J'y-Songerai.
E Alcala, i. d' The Heir-of-Linne (p. s.), v. p. 15.
Anecdote, i. de Orpheline.
E Apis, i. d' Agenda, v. p. 17.
E Archi, i. d' Milanais.
E As-de-Pique, i. d' Hussien.
Aurore, i. de Bérénice (p. s.).
Aurore, i. d' The Heir-of-Linne (p. s.).
E Baâl, i. d' Daniel.
E Babolin, i d' The Heir-of-Linne (p. s.), v. p. 225.
E Bar-le-Duc, i. d' Agenda.
E Bataclan IV (1), i. d' Kapirat.
Bayadère, i. d' Orphée.
Bon-Espoir, i. de Quenouille (p. s.).
Boréal, i. d' J'y-Songerai.
Bouclier (2), i. d' The Heir-of-Linne (p. s.).
Bravade, i. d' The Heir-of-Linne, v. p. 43.
Brulant (3), i. d' j. anglaise
Brunette, i. d' The Heir-of-Linne (p. s.).
Camélia, i. de Lumen (p. s.).
Camélia, i. d' The Heir-of-Linne (p. s.).
Candélaria, i. d' T. N. Phœnomenon.
E Cantobery, i. d' The Heir-of-Linne (p. s.), v. p. 191.
Capsule, i. d' The Heir-of-Linne.
Capucine, i. d' Lucifer.
Cascade, i. d' The Heir-of-Linne (p. s.).
Champagne, i. d' The Heir-of-Linne (p. s.), v. p. 110.
Champêtre, i. d' The Heir-of-Linne (p. s.), v. p. 110.
Chimère, i. d' Pretty-Boy.
Christine, i. d' The Heir-of-Linne (p. s.).
Cigarette, i. d' Ballinkeel.
E Coq-à-l'Ane, i. d' The Heir-of-Linne (p. s.), v. p. 43.
Corvette, i. d' Hussien.
Cotentine, i. d' The Heir-of-Linne (p. s.).
Créole, i. d' Pretty-Boy.
Crevette, i. d' j. de p. s.
Criquette, i. de Stella (p. s.).
Croisette, i. d' J'y-Songerai.
E Dante, i. de Paméla (p. s.).
E Demidoff, i. de Colombe (p. s.).
Deuil, i. d' Hussein.
E Dollar, i. d' Agenda.
E Domino-Noir, i. de La Pastourelle (p. s.), v. p. 51.
Dona-Sol, i. de Lœtitia.
Duègne (4), i. de Harriet (p. s.), v. p. 126.
E Dunois, i. d' The Heir-of-Linne.
Eclair, i. de Pauvrette (p. s.).
Eclatante, i. d' The Heir-of-Linne (p. s.).
E Eole, i. d' The Heir-of-Linne (p. s.), v. p. 225.
Epidote, i. d' The Heir-of-Linne (p. s.).
Epinglette, i. de Stella (p. s.).
Esmeralda, i. de Cent-Sous (p. s.).
E Espadem, i. d' Conquérant.
Espérance, i. d' The Heir-of-Linne (p. s.).
E Etendart, i. d' The Heir-of-Linne (p. s.), v. p. 64.
Etoile-Filante, i. de Harriet (p. s.), v. p. 126.
Eturville, i. d' The Heir-of-Linne (p. s.).
Fontaine, i. de Riac (p. s.).
Farceuse (5), i. de Augustine (p. s.).
E Faro, i. d' Regnard.
Fathma, i. d' The Heir-of-Linne (p. s.).
Fauvette, i. d' The Heir-of-Linne (p. s.).
Favorite, i. d' Conquérant.
Favorite, i. d' Hersilie.
Favorite, i. d' Lozenge (p. s.).
E Figaro, i. d' The Heir-of-Linne (p. s.), v. p. 15.
Fille-de-Cœur, i. d' Pretty-Boy.
Flamme, i. d' The Heir-of-Linne (p. s.), v. p. 43.
Florence, i. d' Kent.
Fragola, i. d' The Heir-of-Linne (p. s.).
Frater, i. d' Brodick.
E Fresnel, i. d' The Heir-of-Linne (p. s.), v. p. 224.
Frondeur, i. d' Pretty-Boy.
E Frontignan, i. d' Souvenir.
E Fronsac, i. de Pensée.
Fumichon, par Pastourelle (p. s.), v. p. 51.
Gazelle (6), i. d' Ugolin.
Gazelle, i. d' El-Ghor (p. s.).

---

(1) Bataclan IV, N., 1879, gagnant à 3 et 4 ans de 10,220 fr. — R. 1' 42", E. à Saint-Lô (Bataclan est issu de Christiane propre sœur de la mère de Normand).
(2) Bouclier, N., 1879, gagnant à 3 et 4 ans de 13,350 fr. — R. 1' 43".
(3) Brulant, B., 1879, gagnant à 3 et 4 ans de 4,420 fr. — R. 1' 46".
(4) Duègne, B., 1881, gagnante à 3, 4 et 5 ans de 52,663 fr. — R. 1'39", v. p. 126
(5) Farceuse, B., 1883, gagnante à 3 ans de 5,210 fr. — R. 1' 46".
(6) Gazelle, B, 1882, gagnante à 3 et 4 ans de 5,029 fr. — R. 1' 42".

Productions de LAVATER :

Georgette II, i. d' Gabier (p. s.).
Giboyer, i. de Folette II.
E Gil-Blas, i. d' Gabier (p. s.).
E Gitano, i. d' Regnard.
E Gladiator, i. d' The Heir-of-Linne (p. s.). v. p. 15.
Guipure, i. d' Paternel.
E Hallali, i. d' The Heir-of-Linne (p. s.), v. p. 43.
E Halo, i. d' The Heir-of-Linne (p. s.) v. p. 15.
Hardie, i. d' Phaëton.
Héroïne, i. d' Gabier.
Héroïne, i. d' Séducteur.
Hirondelle (1), i. d' J'y-Songerai, v. p. 226.
Hirondelle, i. d' The Heir-of-Linne (p. s.).
E Hurrah, ex Historien, i. d' Orphée.
E Ibis, i. d' Normand, v. p. 95.
E Icare, i. de Perette (p. s.).
Idée, i. d' Gabier.
Idole, i. d' Orphée.
Ignorée, i. de Capricieuse.
E Illico, i. d' The Heir-of-Linne.
Imprévue, i. d' The Heir-of-Linne.
Inconnue, i. d' Orphée.
E Indécis, i. d' The Heir-of-Linne (p. s).
E Infant, i. d' Pretty-Boy (p. s.).
Ingénue, i. de Stella (p. s.).
Inspecteur, i. d' The Heir-of-Linne, v. p. 43.
Ira, i. d' Orphée.
E Iratus, i. d' The Heir-of-Linne (p. s.) (app.).
Iris, i. d' J'y-Songerai, v. p. 226.
Irma, i. d' The Heir-of-Linne (p. s.).
E Ivry, i. d' Auguste (p. s.).
Jacqueline, i. d' Orphée.
E Jacquet, i. d' The Heir-of-Linne (p. s.), v. p. 43.
E Jaguar III, i. d' Ministère (p. s.), v. p. 102.
Javeline, i. de Java.
Javotte, i. d' Garibaldi.
Jeannette, i. d' Conquérant.
Jeune-Espérance, i. d' The Heir-of-Linne (p. s.).
E Jongleur (2), i. d' The Heir-of-Linne (p. s.).
Jouvence, i. d' Normand, v. p. 126.
Jouvencelle, i. d' Reynolds.
Joyeuse, i. d' Télémaque.
Juana, i. d' Quaker (p. s).
Juliette, i. d' Gabier (p. s.).
Junon, i. d' Pretty-Boy.
E Kaliston, i. de Marguerite (p. s.).
Kasba, i. d' The Heir-of-Linne (p. s.).
Katmie, i. d' Normand, v. p. 126.
Khiva, i. de Cent-Sous (p. s.).
Kindler II, i. d' The Heir-of-Linne (p. s.) v. p. 43.
Kléber, i. d' Pretty-Boy.
E Korrigan, i. de Folette II (p. s.).
Korrigan, i. d' The Heir-of-Linne (p. s.), v. p. 64.
Krala, i. d' j. de p. s.
La Bouille, i. d' Fitz-Gladiator (p. s.).
La Douve, i. d' Agenda, v. p. 223.
La Manche, i. d' Gabier, (p. s.).
Lavatère, i. d' Gabier (p. s.).
Levantine, i. d' Gabier (p. s.).
Levantine, i. d' The Heir-of-Linne, v. p. 224.
Liberté, i. d' Norfolk-Héro.
Linda, i. d' Hussein.
Linotte, i. d' Conquérant.
Little, i. de Marga.
Mlle d'Angoville, i. d' Conquérant.
Mlle Lavater, i. d' Agenda.
Mlle de Vierville, i. de Golconde.
Marmotte, i. d' Phaëton.
Mascotte, i. d' T. N. Phœnomenon.
Minuit (3), i. d' j. irlandaise.
Miss-London, i. d' The Heir-of-Linne (p. s.).
Miss Pauvrette (4), i. d' The Heir-of-Linne (p. s.).
Miss The Heir-of-Linne, i. d' The Heir-of-Linne (p. s.).
Mon Espoir, i. d' The Heir-of-Linne (p. s.).
Mosquée, i. d' Orphée.
Mouvette, i. d' Auguste (p. s.).
Nain-Jaune, i. de Couleuvre (p. s.).
Navarre, i. d' La Clarence (p. s.).
Négresse, i. d' Colbert.
Niniche, i. d' Great-Master, v. p. 225.
Ninon, i. d' The Heir-of-Linne.
Page, i. de Amourette (p. s.).

(1) Hirondelle, Bb., 1879, gagnante à 3 et 4 ans de 4,725 fr. — R. 1' 43".
(2) Jongleur, B., 1887, gagnant à 3, 4 et 5 ans de 11,681 fr. — R. 1' 42".
(3) Minuit, N., 1875, mère de Sans-Vergogne, v. p. 175.
(4) Miss-Pauvrette, B., 1888, issue de Pauvrette (p. s.) gagnante de 6.335 fr. — R. 1' 31".

Productions de LAVATER :

Pâquerette, i d' Souvenir (p. s.).
Pensée, i. de Pensée (p. s.).
Petite-Chance (1), i. de Ritournelle (p. s.).
Perce-Neige (2), i. d' The Heir-of-Linne (p. s).
Pervenche, i. de Ethel-Maries (p. s.).
Quand-Même, i. de Xilia.
Quarteronne (3), i. d' Crocus.
Québec, i. de Amourette (p. s.).
Querelle (4), i. de Hexifiane.
E Quirita, i. d' Cornet.
Qui-Vive ! i. d' Thésée.
Régine, i. de Marguerite (p. s.).
Rémus, i. d' Rousseau.
Revanche, i. d' The Heir-of-Linne, v. p. 224.
Rêveuse, i. de Sympathie (p. s.), v. p. 75.
Robertello, i. d' Thésée.
E Rollon, i. d' T. N. Phœnomenon.
Rose-du-Mont, i. d' The Heir-of-Linne.
Rose-Fleurie (5), i. d' Gainsborough.
Rosette, i. d' Lagopède.
Ritournelle, i. de Pastourelle (p. s.), v. p. 51.
Rudbekié, i. de l'Incroyable.
Sans-Tache, i. d' Pretty-Boy.
Scare, i. de Perette.
Serquigny, i. d' Matchless.
Silhouette, i. d' Séducteur.
E Sobriquet, i. d' Ipsilanty, v. p. 186.
Sornette, i. d' Ipsilanty.
Suzanne, i. d' The Heir-of-Linne (p. s.).
Ténébreuse, i. d' Adventurer (p. s.).
Tentative, i. d' The Heir-of-Linne (p. s.).
E Tigris, i. d' The Heir-of-Linne, v. p. 190.
Timoléon, i. d' Great-Master.
E Traveller, i. d' Succès.
E Tronc, i. d' Cultivateur.
Ulpien, i. d' The Heir-of-Linne (p. s.).
E Unable, i. d' Ugolin.
Utile-à-Tout, i. d' Paternel.
E Van-Ostade, i. d' Divus.
E Vengeur (6), i. d' The Heir-of-Linne.
Ventriloque, i. d' The Heir-of-Linne.
E Vert-Galant II, i. d' The Heir-of-Linne.
E Vésuve (7), i. d' The Heir-of-Linne.
Vigoureux, i. d' The Heir-of-Linne.
E Vigneron, i. d' The Heir-of-Linne.
Virago, i. d' The Heir-of-Linne.
E Vitrier, i. d' Daniel.

---

(1) Petite-Chance, Bb., 1880, gagnante à 3, 4, 5 et 6 ans de 40,890 fr. — R. 1' 39".
(2) Perce-Neige, A., 1877, gagnant à 4 ans de 6,150 fr. — R. 1' 49", v. p. 225.
(3) Quarteronne, Bb., 1872, gagnante à 3, 4 et 5 ans de 9,190 fr. — R. 1' 49".
(4) Querelle, Bb., 1872, gagnante à 3, 4 et 5 ans de 4,140 fr.
(5) Rose-Fleurie, Bb., est par Lavater ou Lambris et Xilia par Gainsborough.
(6) Vengeur, B., 1887, gagnant à 3 et 4 ans de 6,365 fr. — R. 1' 42", E. au Pin. Acheté 10,000 fr.
(7) Vésuve, Bb., 1877, gagnant à 3 ans de 3,100 fr. — R. 1' 53", E. au Pin.

L'ESTAFETTE. Bb. — 1.64. — 1889 (approuvé).

M. Tesson de la Mancellière.

Etendard . . .	Lavater.	Y ou Crocus.	
		Candelaria.	
	Espérance.	The Heir-of-Linne. .	Galaor.
			Mrs Walker.
		N	Urus.
Historienne . .	Acquila.	Niger.	T. N. Phœnomenon.
			Miss-Bell.
		Lucrèce.	Centaure.
			Esméralda.
	N.	Normand.	Divus.
			N. par Kapirat.

Né chez M. Valdampierre, à Troarn (Calvados).

1892 a gagné.	50,665 fr.	74,735 fr.
—93 —	18,335	
—94 —	5,735	

Vitesse 1892, Vire . . 1'36".
— —93, Vincennes. 1'35".
— —94, Vincennes. 1'37".

Haras de Mongothier : 1894.

LEVRAUT (1). A. — 1.66. — 1888. HN.

Phaëton	The Heir-of-Linne	Galaor	Muley-Molock.
			Darioletta.
		Mrs Walker	Jereed.
			Zinganee-Mare.
	La Crocus	Crocus anglais.	
		Élisa	Corsair.
			Élise.
Fleur-de-Genêt (2).	Gall	Kapirat	Voltaire
			N. par The Juggler.
		N.	Sir Henri.
	Belle-de-Jour (3).	Inkermann	Utrecht.
			Ordillia par Kœnigsberg.
		Fatmey	Tipple-Cider.
			N. par Eylau.

Né chez M. L. Fleury à Saint-Léger-sur-Sarthe (Orne).

1891 a gagné . . 8,103 fr.

Vitesse 1891, Vincennes . . 1' 44".

— —91, Rouen . . . 1' 44".

Acheté à M. Fleury . . . . . . 14,000 fr.

Saint-Lô : 1892.

---

(1) Levraut est le propre frère de Galba, v. p. 80.

(2) Les productions de Fleur-de-Genêt sont indiquées, p. 80.

(3) Belle-de-Jour, grand'mère de Flibustier, v. p. 68.

LORIOT Bb. — 1,60. — 1889 (approuvé).

M. Tesson de la Mancellière.

Tigris	Lavater	Y. ou Crocus.	
		Candelaria.	
	Modestie	The Heir-of-Linne	Galaor.
			Mrs Walker.
		Négresse	Ugolin.
			N. par Lahore.
Deuil (1)	Normand	Divus	Québec.
			N. par Electrique.
		Balsamine	Kapirat.
			N. par Débardeur.
	Harriet (2)	Charlatan	Caravan.
			Lady Charlotte.
		Fulvie	Gladiator.
			Boutique.

Né chez M. du Rozier, à Secqueville-en-Bessin (Calvados).

1892 a gagné	27,190 fr.	39,240 fr.
— 93 —	12,050	

Vitesse 1892, Le Pin, 1' 42".
— —93, Levallois, 1' 38".

Haras de Montgothier : 1893.

(1) Deuil, N., 1880, a produit :

1886 Ibis, par Lavater, v. p. 95.
—87 Jouvence, par Lavater, gagnante à 3 et 4 ans de 4,195 fr. — R. 1' 43".
—88 Katmie, par Lavater, gagnante à 3 et 4 ans de 2,570 fr. — R. 1' 44".
—89 Loriot.
—90 Mange-Tout, par Fuschia, gagnant à 3 et 4 ans de 8,240 fr. — R. 1' 41".
—91 Nitouche, par Fuschia, gagnant à 3 et 4 ans de 55,320 fr. — R. 1' 31.
—94 Quémenevin, par Tigris.

(2) Harriet, A., 1864, a produit :

1874 Fortuna, par Tonnerre-des-Indes, v. p. 106.
—75 Talisman, par Normand.
—77 Villa, par Liberator.
—78 Abeille, par Normand.
—80 Deuil.
1881 Duègne, par Lavater, gagnante de 52,663 fr. — R. 1'39".
—82 Etoile-Filante, par Lavater, mère de Judée, Kalenda et Lièvre.
—83 Folies-Bergères, par Niger.
—86 Intrigant, par Lavater.

MAHOMET. — B. — 1.63. — 1890. HN.

Fuschia	Reynolds	Conquérant	Kapirat.
			Élisa.
		Miss-Pierce	Succès.
			Lady-Pierce.
	Rêveuse	Lavater	Y. ou Crocus.
			Candelaria.
		Sympathie	Pédagogue.
			Débutante.
Aliste (1)	Niger	T. N. Phœnomenon.	Old-Phœnomenon.
			j. du Mecklembourg.
		Miss-Bell	américaine.
	Eglantine	Taconnet	Idalis.
			N. par Faust.
		N.	Wildfire.

Né chez M. C. Forcinal, à Neuville (Orne).

1893 a gagné . . . . 4,875 fr.

Vitesse 1893, Levallois, 1′ 39″.

Acheté à M. Forcinal . . . . 12,000 fr.

Saint-Lô : 1894.

---

(1) Aliste Bb, 1876, a produit :
1888 Kermès, par Jadis.
—89 Le Don, par Phaëton.
—90 Mahomet.
—91 Noble-Etrangère, par Phaëton.

MALAGA. Bb. — 1.63. — 1890. HN.

Cherbourg	Normand	Divus	Québec. N. par Electrique.
		Balsamine	Kapirat. N. par Débardeur.
	Peschiera	Extase	Thésée. Atalante.
		Anita	Conquérant. Petite-de-Mer.
Conquête (1)	Conquérant	Kapirat	Voltaire. N. par The Juggler.
		Élisa	Corsair. Élise.
	N.	Niger	T. N. Phœnomenon. Miss-Bell.
		N.	Centaure. N. par Tipple-Cider.

Né chez M. Lavignée, à Sarceaux (Orne).

1893 a gagné. . . . . 7,473 fr.

Vitesse 1893, Alençon, 1'41".

Acheté à M. Olry. . . . 14,000 fr.

Saint-Lô : 1894.

(1) Conquête, B. 1880.

1885 Espérance, par Quiclet.
—86 Grippe-Sou, par Cherbourg.
—89 La Blague, par Marignan.
—90 Malaga.
—91 Neptune, par Cherbourg.

MARCELET. B. — 1.65. — 1890. HN.

Cherbourg . .	Normand	Divus.	Québec.
			N. par Électrique.
		Balsamine.	Kapirat.
			N. par Débardeur.
	Peschiera	Extase	Thésée.
			Atalante.
		Anita	Conquérant.
			Petite-de-Mer.
Farandole (1).	Phaëton.	The Heir-of-Linne. .	Galaor.
			Mrs Valker.
		La Crocus	Crocus.
			Élisa.
	Conquête	Conquérant.	Kapirat.
			Élisa.
		Mazurka (2)	Inkermann.
			Cocotte par Noteur.

Né chez M. C. Cavey, à Nonant (Orne).

1893 a gagné. . . . . . . 14,485 fr.

Vitesse 1893, Rouen, 1'40".

— — Levallois, 1'36".

Acheté à M. H. Ledars. . . . . . . 17,000 fr.

Saint-Lô : 1894.

---

(1) Farandole, A, 1883, gagnante à 3 ans 1793 fr. — R. 1'46" ; — a produit :

1888 Kina, par Elan.

—89 Miracle, par Cherbourg, gagnant à 3 ans de 950 fr. — R. 1'50".

—90 Marcelet.

—92 Orfa, par Cherbourg, gagnante à 3 ans de 1,150 fr. — R. 1'45".

(2) Mazurka, B. 1874, est la mère de : Javotte (gagnante), par Phaëton ; Orne, par Cherbourg ; Rayon d'Or, par Cherbourg.

MARS. B. — 1.60. — 1890 HN

Fuschia	Reynolds	Conquérant	Kapirat.
			Elisa.
		Miss-Pierce	Succès.
			Lady-Pierce.
	Rêveuse	Lavater	Y. ou Crocus.
			Candélaria.
		Sympathie	Pédagogue.
			Débutante.
Guinée (1)	Albrant	Normand	Divus.
			N. par Kapirat.
		Simonne	Abrantès ou Noteur.
			N. par Hercule.
	Vendéenne (2)	Pactole	The Heir-of-Linne.
			Tarrare.
		Sauterelle	Jambes-d'Argent.
			N. par Brocardo.

Né chez M. Gauvreau, à Angles (Vendée).

1893 a gagné. . . . . 36,534 fr.

Vitesse 1893, Vincennes, 1' 37".

— — Le Pin et Caen, 1' 43".

Acheté à M. Gauvreau. . . . . 20,000 fr.

La Roche-sur-Yon : 1894.

(1) Guinée, B. 1884 gagnante à 3 et 4 ans de 6,430 fr. — R. 1'47", a produit: 1890 Mars.

(2) Vendéenne, B. 1878, gagnante à 3 et 4 ans de 1,350 fr. — R. 2'01", a produit:
1884 Guinée.
—85 Hypothèse, par Albrant, gagnante à 3 ans de 450 fr. — R. 2'07".
—87 Jadis, par Vanité, gagnant à 3 ans de 431 fr. — R. 2'2".
—91 Normande, par Tigris, gagnante à 3 ans de 7,500 fr. — R. 1'43".
—93 Phénix, par Kilomètre.

MICHIGAN. B. — 1.64. — 1890. HN.

Edimbourg . .	Serpolet-Bai	Normand	Divus.
			N. par Kapirat.
		Margot	Dorus.
			N. par Introuvable.
	Harmonie.	Abrantès	Pledge.
			N. par Noteur.
		N.	Séducteur.
			N. par Eylau.
Camélia (1). .	Beaugé	Conquérant	Kapirat.
			Élisa.
		Miss-Ambition . . .	Ambition.
			N. par Kapirat.
	Sibylle	Quiclet	Lumineux.
			N. par Sultan.
		N.	Gall ou Oméga.
			N. par Inkerman (1851).

Né chez Mme Godichon-Forcinal, à Alençon (Orne).

1893 a gagné . . . . 43,557 fr.

Vitesse 1893, Vincennes, 1′38″.

— — Levallois, 1′34″.

Acheté à M. Marcillac (Duqueyron). . . . . 20.000 fr.

Le Pin : 1894.

(1) Camélia, A. 1886 a produit :

1890 Michigan.
—92 Orphée, par Edimbourg, gagnant à 3 ans de 400 fr. — R. 2′.
—93 Pie-Vole, par Edimbourg.
—95 Le Rhône, par James-Watt.

MILTON. Bb. — 1.62. — 1879 (approuvé). M. Terry.

Smuggler. . . .	Blanco.	
	jument ambleuse.	
Lizzie.	The Knight of St-George (1)	I. Birdcatcher.
	Lucy	Edwin-Forrest.
		Yaller-Gal.

Né et élevé chez MM. J.-J. Tebbs et H. Wilson, à Cynthiana (Kentucky).

1888 a gagné en France	. . .	5,680 fr.	16,619 fr.
—89 —	. . .	6,050	
—90 —	. . .	1,927	
—91 —	. . .	2,962	

Vitesse	1888, Rouen,	1' 38",	sur 4,800 mètres.
—	—89, Vincennes,	1' 39",	sur 6,000 mètres.
—	—90, Levallois,	1' 38",	sur 4,500 mètres.
—	—91, Vincennes,	1' 37",	sur 5,000 mètres.

Milton fut acheté et importé en France par M. Terry en 1887.
Haras Américain de Neuilly-Levallois : 1892-94.
Haras de Vaucresson : 1894-95.
Offert au Gouvernement par M. Terry.
Le Pin : 1896.

(1) The Knight-of-Saint-George, étalon de pur sang anglais, né en Angleterre et importé en Amérique.

MOONLIGHTER. A. — 1.63. — 1890 (approuvé).

MM. Maréchal et Desgenetez.

Fuschia	Reynolds	Conquérant	Kapirat.
			Élisa.
		Miss-Pierce	Succès.
			Lady-Pierce.
	Rêveuse	Lavater	Y. ou Crocus.
			Candélaria.
		Sympathie	Pédagogue.
			Débutante.
Niniche (1)	Pompier	Royal-Quand-Même	Gigès.
			Eusebia par Emilius.
		Lady-Bird	St Simon.
			Giselle par Y. Emilius.
	Nora	Tonnerre-des-Indes	The Baron.
			Sérénade par Royal-Oak.
		La Belle-Hélène	Fitz-Gladiator.
			Mlle de Mahéru.

Né chez M. Mesnel, à Laigle (Orne).

1893 a gagné.	9,520 fr.	24,030 fr.
—94 —	14,510	

Vitesse 1893, Vincennes, 1' 43".
— — 94, — 1' 34".

Le Merlerault : 1895.

(1) Niniche, A., 1878, a produit :
1890 Moonlighter.
—91 Noceuse, par Havas.
—93 Noble-Dame, par Krakatoa (p. s.).

NABUCHO. B. — 1.65. — 1888. HN.

Cherbourg	Normand	Divus	Québec.
			N. par Electrique.
		Balsamine	Kapirat.
			N. par Débardeur.
	Peschiera	Extase	Thésée.
			Atalante.
		Anita	Conquérant.
			Petite-de-Mer.
Gambade (1)	Phaëton	The Heir-of-Linne	Galaor.
			Mrs Walker.
		La Crocus	Crocus.
			Élisa.
	Tulipe	Eclipse	Performer.
			Léda par Tigris.
		Brunette	T. N. Phœnomenon.
			Tamisienne par Performer.

Né chez le duc de Narbonne, à la Cochère (Orne).

1891 a gagné. . . . . 17,790 fr.
—92 — 4,170

Vitesse 1891, Vincennes, 1' 44".
— —92, Levallois, 1' 40".

Acheté à M. Mauny . . . . 16,000 fr.

Le Pin : 1893.

(1) Gambade, B., 1881, gagnante à 3 ans de 6,660 fr. — R. 1' 48", a produit :

1887 Merluche, par Uriel.
—88 Nabucho.
—89 Œil-de-Bœuf, par Dictateur, gagnant à 3 ans de 330 fr.
—90 Prospero, par Dégagé.
—91 Quotient, par Elan, gagnant à 3 et 4 ans de 2,270 fr. — R. 1' 42".
—92 Rapière, par Cherbourg, gagnante à 3 ans de 840 fr. — R. 1' 47".

NANGIS. A. — 1.63. — 1891. HN.

Fuschia	Reynolds	Conquérant.	Kapirat.
			Élisa.
		Miss-Pierce	Succès.
			Lady-Pierce.
	Rêveuse.	Lavater.	Y. ou Crocus.
			Candelaria.
		Sympathie	Pédagogue.
			Débutante.
Espérance (1).	Abrantès	Pledge	Royal-Oak.
			N. par Y. Rattler.
		N.	Noteur.
	Brillante	Destin.	Usité.
			N. par Troarn.
		N.	Tipple-Cider.
			N. par Xercès.

Né chez M. Marchand, à Chassé (Sarthe).

1894 a gagné. . . . . 19,228 fr.

Vitesse 1894, Rouen, 1′ 39″.
— — Bordeaux, 1′ 40″.

Acheté à M. Marcillac . . . 17,000 fr.

La Roche-sur-Yon : 1895.

---

(1) Espérance, B., 1877, a produit :

1881 Dératé, par Phaëton, gagnant à 3 ans 4,450 fr. — R. 1′ 40″, E. à Saintes.
—83 Favorite, par Phaëton, gagnante à 3 ans de 800 fr. — R. 1′ 46″.
—84 Malvina, par Quiclet.
—85 Hippone, par Vichnou (p. s.).
—87 Janthine, par Beauge, mère de Neuilly, v. p. 138.
—90 Merise, par Boissy (p. s.).
—91 Nangis.
—93 Peccadille, par Fuschia.
—95 Régente, par Lobau.

NAPOLÉON. B. — 1.60. — 1891. HN.

Phaëton. . . .	The Heir-of-Linne. .	Galaor	Muley-Molock.
			Darioletta.
		Mrs Valker	Jereed.
			Zinganee-Mare.
	La Crocus.	Crocus, ang.	
		Élisa	Corsair.
			Élise.
Serpolette II (1)	Serpolet-Bai	Normand	Divus.
			Balsamine.
		Margot	Dorus.
			N. par Introuvable.
	Victorieuse	Kilomètre	Conquérant.
			Yelva.
		Pastourelle	Esculape.
			Unanime par Noteur.

Né chez M. Cavey aîné, à Nonant-le-Pin (Orne).

1894 a gagné . . . . . . 29,355 fr.
—95 — . . . . . . 10,350 } 39,705 fr.

Vitesse 1894, Vincennes, 1' 38".
— —95, Levallois, 1' 32".

Acheté à M. Cavey. . . . . . . 18,000 fr.

Saint-Lô : 1895.

---

(1) Serpolette II, N., 1881, gagnante à 3 ans de 200 fr. — R. 1' 52", a produit :

1886 Interroi, par Valencourt, gagnant de la course au trot au Concours de Paris en 1889.
—88 Kapirat III, par Phaëton, gagnant à 3, 4 et 5 ans de 13,190 fr. — R. 1' 38".
—90 Moscowa, par Fuschia, gagnante à 3 et 4 ans de 2,190 fr. — R. 1' 45".
—91 Napoléon.
—92 Opportune, par Phaëton ou Fuschia, gagnante à 3 ans de 7,247 fr. — R. 1' 42".
—93 Préférée, par Cherbourg, gagnante
—94 Quincailler, par Cherbourg.
—95 Ramasse-Tout, par Cherbourg.

NARQUOIS. Bb. — 1.60. — 1891. HN.

Fuschia. . . .	Reynolds.	Conquérant.	Kapirat.
			Élisa.
		Miss-Pierce	Succès.
			Lady-Pierce.
	Rêveuse	Lavater.	Y. ou Crocus.
			Candelaria.
		Sympathie	Pédagogue.
			Débutante (1855).
Hébé III (1). .	Niger	T. N. Phœnomenon.	Old-Phœnomenon.
			j. du Mecklembourg.
		Miss-Bell	1/2 s. américaine.
	Bank-Note (2) . . .	Normand.	Divus.
			Balsamine.
		Débutante	Pretty-Boy.
			Ioness.

Né chez M. du Rozier, à Secqueville-en-Bessin (Calvados).

1894 a gagné.	59,046 fr.	92,246 fr.
—95 —	33,200	

Vitesse 1894, Alençon, 1'35".

— —95, Levallois, 1'29".

Acheté à MM. du Rozier et Vaulogé. . . . . . . 34,000 fr.

Saint-Lô : 1896.

---

(1) Hébé III, N., 1885, gagnante à 3 ans de 400 fr. — R. 1' 59", a produit :
1890 Manon, par Fuschia, gagnante à 3, 4 et 5 ans de 23,916 fr. — R. 1' 26".
—91 Narquois.
—94 Quily, par Phaëton ou Cherbourg.

(2) Pour les productions de Bank-Note, v. p. 112.

NEUILLY. A. – 1.69. — 1891. HN.

Fuschia	Reynolds	Conquérant	Kapirat.
			Élisa.
		Miss-Pierce	Succès.
			Lady-Pierce.
	Rêveuse	Lavater	Y. ou Crocus.
			Candelaria.
		Sympathie	Pédagogue.
			Débutante.
Janthine (1)	Beaugé	Conquérant	Kapirat.
			Élisa.
		Miss-Ambition	Ambition.
			Mlle de Criqueville.
	Espérance (2)	Abrantès	Pledge.
			N. par Noteur.
		Brillante	Destin.
			N. de Tipple-Cider.

Né chez M. Marchand, à Chassé (Sarthe).

1894 a gagné. . . . . 6,130 fr.

Vitesse 1894, Maisons, 1'38".

Acheté à M. Lallouet. . . . . 14,000 fr.

Saint-Lô : 1895.

(1) Janthine, A., 1887, a produit :

1891 Neuilly.

—93 Pontgouin, par Fuschia.

(2) Espérance, mère de Nangis, voir page 135.

NIGER. N. — 1.53. — 1869. HN.

The Norfolk-Phœnomenon . . . . . { Old-Phœnomenon. / Jument du Mecklembourg.

Miss-Bell (1), 1/2 sang américaine.

Né chez M. C. Forcinal, à Saint-Léonard-des-Parcs (Orne).

1872 a gagné. . . . . 7,400 fr. }
—73 — . . . . . . 17,450 } 24.850 fr.

Vitesse 1872, Caen. . . 1'46".
— — Le Pin . . 1'51".
— 1873, Caen. . . 1'44".

Acheté à M. Céneri Forcinal. . . . . 14,000 fr.

Le Pin : 1874.

SOMMES GAGNÉES PAR SES PRODUITS :

1878	4,490 fr.	1885	2,475 fr.
—79	40,560	—86	18,227
—80	31,580	—87	16,030
—81	47,735	—88	8,285
—82	28,110	—89	5,355
—83	20,680	—90	5,511
—84	4,625	—91	6,660

---

(1) Miss-Bell, A., a produit :

1865 Phosphore (par T. N. Phœnomenon), E. approuvé.
—69 Niger.
—72 Queen (par Eclipse), mère de Jean-Sans-Terre (par Valdempierre ou Phaëton), étalon au D. de Hennebont.
—73 Rosabelle, par Kilomètre.
—75 Travailleuse, par Marx. Voir International, p. 100.

Productions de NIGER :

E Acquila, i. d' Centaure, v. p. 8.
E Adonias, i. d' Conquérant.
Adrienne, i. d' Sérénader.
Aidée, i. d' Centaure.
Ajax (1), i. d' Taconnet.
Alice, i. d' Sylvio (p. s.).
Aliste, i. d' Taconnet, v. p. 127.
Almandine, i. d' Hick.
Amaranthe (2), i. d' Sérénader.
Amaranthe, i. d' Inkermann.
Apoco (3), i. d' Vladimir.
E Archimède, i. d' Vladimir.
Athos, i. de Christiane.
Bacchante, i. d' Conquérant.
E Baptiste-le-More, i. d' Conquérant, v. p. 36.
E Bataillon, i. d' Noteur.
Bavaroise, i. d' Conquérant, v. p. 19.
Bayadère, i. d' Conquérant.
E Bayard IV, i. d' Trotten-Ra ttler.
Béatrix (4), i. d' Pledge.
Beaulieu, i. d' Utreck.
Beaumanoir, i, de Impatiente.
Bécassine (5), i. d' Centaure.
Belle-de-Nuit, i d' Centaure.
Black-Capucine, i. d' Thésée ou de T. N. Phœnomenon.
Bocage, i. d' Héliotrope.
Bohémienne, i. d' Sérénader.
Bon-Vouloir, i. d' Washington.
Borisow, i. d' Conquérant.
Brillante, i. d' Telegraph.
Brunette, i. d' Centaure.
Buchette, i. d' Tamberlick (p. s.).
E Cambacérès, i. d' Phœnomenon.
Cantinière, i. d' Phœnomenon.
Carmago, i. d' Gaulois.
E Cauchemar, i. d' Inkermann.
Célimène (6), i. d' Brocardo (p. s.).
E Centaure, i. d' Optimé.
E Chambertin, i. d' Gaulois.
Cléopâtre, i. de Théo.
Colombine, i. d' Taconnet.
E Connétable, i. d' Virgile.
Coralie, i. d' Conquérant.
Cornélie, i, d' Pledge.
Courlange, i. d' Montfort (p. s.).
Damas, i. d' Faust.
Damoiseau, i. d' Taconnet.
Darius, i. d' Centaure.
Déesse, i. d' Milanais.
E Démétrius, i. d' Destin.
E Dey, i. d' T. N. Phœnomenon.
Diamant, i. d' Noteur.
Dijonnaise, i. d' Séducteur.
Divorcée, i. d' Inkermann.
Dominant, i. d' Noteur.
Dora, i. d' Extase, v. p. 105.
E Drôle-de-Corps, i. d' Conquérant, v. p. 36.
Duc-de-Normandie, i. d' Sérénader.
Dulcinée, i. d' Sincerity (p. s.).
Durville, i. d' Sincerity (p. s.).
Ebène, i. d' Elu.
E Eboli ex Ecureuil, i. d' Faust (p. s.).
Eglantine II (7), i. d' Merlerault.
Electric, i. d' Clear-the-Way.
Emma, i. d' Abrantès.
Emotion, i. d' Conquérant.
Epervier, i. d' Sérénader.
Erichton, i. d' Vladimir.
Espérance, i. de Ida (p. s.).
Etamine, i. de La Fanchonnette (p. s.).
Etoile-des-Indes, i. d' Conquérant.
Etoile-Filante, i. d' Inkermann.
Etretat, i. d' Conquérant.
Eva, i. d' Kilomètre, v. p. 113.
E Fadès, i. d' Normand (app.).
E Fakir, i. d' Conquérant.

---

(1) Ajax, B., 1878, gagnant à 3, 4, 5 et 6 ans de 7,940 fr.
(2) Amaranthe, N., 1878, gagnante à 3 ans de 8,320 fr. — R. 1' 54".
(3) Apoco, A., 1878, gagnant à 3 et 4 ans de 7,975 fr. — R. 1' 41".
(4) Béatrix, A., 1876, gagnante à 3, 4, 5 et 6 ans de 12,490 fr. — R. 1'40".
(5) Bécassine, B., 1879, gagnante à 3 et 4 ans de 7,337 fr.
(6) Célimène, N., 1876, mère de : Joiville II, par Cherbourg, E. à Saint-Lô ; Office, par Cherbourg.
(7) Eglantine II, mère de Neva, par Phaëton, v. p. 163.

Productions de NIGER :

Fauvette V, i. d' Tamberlick (p. s.).
Fernando (1), i. d' Noville.
E Fier-à-Bras, i. d' Normand, v. p. 66.
Figaro II, i. d' Normand.
Finance, i. d' Succès, v. p. 147.
Fleur-de-Mai (2), i. d' Centaure.
Fleur-d'Epine, i. d' Centaure.
Flora, i. d' Oriental.
Folies-Bergères, i. de Harriet (p. s.), v. p. 126.
Formosa, i. d' Gaulois, v. p. 107.
Fourrageur, i. d' Normand.
Fra-Diavolo, i. d' Conquérant.
Français, i. d' Mogador, v. p. 92.
Français, i. d' Normand.
Française, i. d' Normand, v. p. 112.
Franco-Américain, i. de Lady-Stanhope.
E Franklin, i. d' Libérator.
Fromage, i. de Victoire (p. s).
Frou-Frou, i. d' Praticien.
Fulminante, i. d' Centaure.
Gabard, i. d' Conquérant.
Gabrielle, i. d' Hick.
Gaillarde, i. d' Conquérant.
Galka, i. d' Normand, v. p. 66.
Galant, i. d' Normand.
Gamin, i. d' Milanais.
Gargantua, i. d' Normand, v. p. 112.
Gargousse, i. d' Eclipse.
Gaudriole, i. d' Ulrich II.
Gascon, i. d' Normand.
Gaulois, i. d' Ferrajus (p. s.).
Gazelle, i. d' Kilomètre, v. p. 113.
Gédéon, i. d' Interprète.
Gendarme, i. d' Kilomètre.
Géologue, i. de Patience (p. s.).
Germaine, i. d'Abrantès.
Géronte, i. d' Conquérant.
Giboulée, i. d' Norfolk-Trotter
Gipsy, i. de Rose-Pompon.
Gitana, i. d' Centaure.
Gisèle, i. d' Y, v. p. 55.
E Good ex Gabelou, i. d' Normand.
Gouverneur, i. d' Ignace.
Gréviste, i. d' Conquérant.
Gueule-de-Singe, i. d' Father-Thames (p. s.).
Guignolette, i. d' Father-Thames (p. s.).
Haricot II, i. d' Conquérant.
Haydée, i. d' Lully (p. s.).
Hébé II, i. d' Normand.
Hébé III, i. d' Normand, v. p. 137.
Hermine, i. d' Montfort (p. s.).
Héros, i. d' Conquérant.
Hetman, i. d' Normand, v. p. 66.
Hidalgo, i. d' Kilomètre, v. p. 113.
Hirondelle, i. d' Conquérant.
Hirondelle, i. d' Montfort (p. s.).
Houvari, i. d' Ferragus.
Hunter, i. de Papillonne.
E Hus, i. d' Conquérant.
Hyacinthe, i. d' Le Major.
Ida (3), i. d' Elu.
Impétueuse II, i. d' Normand.
Indiana, i. d' Pretty-Boy (p. s.).
Indienne, i. d' Quinola.
Isabelle, i. d' Elu.
Isolier, i. d' Tigris.
Jacinthe, i. d' Tigris.
Jasmin, i. d' Conquérant.
Jolicœur, i. d' Othon.
Junon (4), i. d' Bayard.
Junon, i. d' Inkermann.
Kagoula, i. d' Trouble.
E Kellerman, i. d' Jackson.
Kermès, i. d' Goldfinder.
La Dives, i. de Mary-Blane.
La Fontaine (5), i. d' Trouville (p.s.).
La Pile, i. de Indifférente (p. s.).
Lassenel, i. d' Fleuron.
La Toucques (6), i. de Lady-Stanhope.
Lehutier, i. d' j. anglaise.
E Le Toulousin, i. d' Normand (app.).
Lucrèce, i. d' Centaure.
Mlle de Bellefonds, i. d'Elu.

(1) Fernando, acheté comme étalon par le Gouvernement Italien.
(2) Fleur-de-Mai, mère de Barrabas (par Jactator). Etalon au Pin.
(3) Ida, B., 1879, gagnante à 3 ans de 6,365 fr. — R. 1'50". Mère de Hallencourt, par Dictateur.
(4) Junon, B., 1878, gagnante à 3, 4, 5 et 6 ans de 11,055 fr. — R. 1'44".
(5) La Fontaine, B., 1879, gagnante à 3 et 4 ans de 4,620 fr. — R. 1'45".
(6) La Toucques, N., 1876, gagnante à 3 et 4 ans de 13,982 fr. — R. 1'50".

Productions de NIGER :

Madragore, i. d' Taconnet.
Messagère, i. d' Serpolet R.
Minerve, i. d' Telegraph.
Minerve, i. d' T. N. Phœnomenon.
Miss, i. d' Centaure.
Miss-Bell, i. d' Montfort (p. s).
Mystère, i. de Bichette.
Nadège, i. d' Intrépide.
National, i. d' Ulrich II.
Nigérine, i. d' Elu, v. p. 148.
Nigra, i. d' Centaure.
Nonette, i. d' Normand.
Pâquerette, i. d' Inkermann.
Passagère, i. d' Normand.
E Polemon ex Vautrait, i. d' Pledge.
Prince-Noir, i. de Cosette (p. s.)
Princesse, i. d' Centaure.
Protectrice, i. d' Bayard.
Roulette, i. d' Bayard.
Réjane, i. de Angèle (p. s.).
Serpolette, i. d' Normand.
E Stag, i. de Marquise (app.).
Stella, i. d' Gall.
E Talisman (1), i. de Conquérante.
E Tentateur II, i. d' Elu.
Thabor (2), i. de Mina.
Thermidor, i. d' j. de p. s.
Tricolore, i. d' Emir (p. s.).
E Turenne, i. de La Grisière (p. s.) (app.).
Ukase, i. d' Bassompierre.
Uléma (3), i. d' Centaure.
Ultimatum, i. d' Kilomètre.
E Ulysse III, i. d' Conquérant.
E Un (4), i. d' Telegraph.
Unique, i. d' Caldéron.
Urain, i. d' Extase.
Uranie, i. d' Wildfire, v. p. 83.
Urgente, i. d' Morgan.
Urugay, i. de Source.
E Uvernet, i. d' Extase.
Vaillant, i. d' Centaure.
Vallée-d'Or, i. d' Vladimir.
E Valencourt. i. d' Fitz-Pantaloon (p. s.), v. p. 204.
Vampire, i. d' Séducteur.
Vélocifère, i. d' Trouville.
E Vélocipède, i. d' Junior (app.).
Verneuil, i. d' Utrecht.
Vénitienne, i. d' Elu.
Verre-d'Eau, i. d' Centaure.
Versaillais, i. d' Inkermann.
Villageois, i. d' Taconnet.
Virtuose, i. d' Conquérant.
Vision, i. d' J'y-Songerai.
Volupté, i. d' Eclipse.
E Xantippe, i. d' Conquérant.
Xercès, i. de Hermine.
Zanca, i. d' j. arabe.

---

(1) Talisman, Bb., 1875, E. à Hennebont de 1879 à 1880.
(2) Thabor, Bb., 1875, gagnant à 3, 4, 5 et 6 ans de 9,075 fr. — R. 1'49".
(3) Uléma, B., 1876, gagnant à 3 et 4 ans de 23,820 fr. — R. 1' 46".
(4) Un, A., 1876, gagnant à 3, 4, 5 et 6 ans de 8,655 fr. — E. au Pin de 1883 à 1889. Acheté 12,000 fr.

NORMAND. Bb. — 1.62. — 1869. HN.

Divus.	Québec	Ganymède.	Xerxès par Y. Rattler.
			La Louve par Chasseur.
		N.	Voltaire.
			N. par Cleveland.
	N.	Électrique.	Y. Emilius.
			Kermesse par Camel
Balsamine (1).	Kapirat	Voltaire.	Impérieux par Y. Rattler.
			La Pilot par Pilot.
		N.	The Juggler.
	La Débardeur (2). .	Débardeur	Y. Emilius.
			Dona-Pilar par Royal-Oak.

Né chez M. Touzard, à Montmartin-en-Graignes (Manche).
1872 a gagné. . . . . 9,700 fr.
Vitesse 1872, Caen, 1′45″.
— — Le Pin, 1′54″.
Acheté à M. du Rozier. . . . . 10,000 fr.
Le Pin : 1873-83.

Sommes gagnées par ses produits :

1877	24,616 fr.	1884	20,366 fr.
—78	25,040	—85	28,390
—79	13,350	—86	34,401
—80	46,265	—87	8,865
—81	50,790	—88	3,650
—82	39,855	—89	9,150
—83	96,136	—90	6,395

(1) Balsamine, 1re prime au concours de pouliches de Saint-Lô, a fait ses épreuves à la Mauffe, elle a produit :
1868 N., pouliche, par Divus, morte à 1 an.
—69 Normand.
—70 N., poulain, par J'y-Songerai, mort à 2 ans.

(2) La Débardeur a été vendue pour les écuries du prince Jérôme.

Productions de NORMAND :

Abeille, i. de Harriet, v. p. 126.
Adèle, i. d' Ignace.
E Albrant, i. d' Abrantès, v. p. 13.
Anette, i. d' Buci.
Apollon (1), i. d' Coleraine.
E Arlequin, i. d' Irlandais.
Arlette, i. d' Conquérant, v. p. 66.
E Attila (2), i. d' Y.
Bank-Note, i. d' Pretty-Boy, v. p. 112.
Barcelonne, i. d' Conquérant.
Bayard (3), i. d' Prétender.
Camélia, i. d' Vladimir.
Cabourg, i. d' Interprète.
César, i. d' Y.
Charmante, i. d' Extase.
E Cherbourg, i. d' Extase, v. p. 29.
Clementine.
E Colporteur, i. d' Conquérant, v. p. 36.
Commère, i. d' Conquérant, v. p. 82.
Comtesse, i. de Marquise.
Corvette, i. d' Umber.
Crispino, i. d' Phœnomenon.
Cupidon, i. d' Abrantès.
Curaçao, i. d' Conquérant.
E Da-Capo, i. d' Abrantès.
E Daguet, i. d' Hick, v. p. 47.
Dame-Blanche, i. d' Interprète.
Dame-de-Pique, i. d' Irlandais.
Dame-de-Pique, i. d' Niger.
Débutante, i. d' Fleuron.
Débutante, i. d' Ignace.
Déception, i. d' Conquérant.
Déesse, i. d' Milanais.
Déluge, i. d' Y.
Destrier, i. d' Extase, v. p. 30.
Deuil, i. de Harriet (p. s.), v. p. 126.
E Dictateur II (4), i. d' Trotten-Rattler (app.).
Diva, i. de Miss-Mowbray, v. p. 94.
Divette, i. d' Extase, v. p. 30.
Dolorès, i. d' Vingt-Mars.
E Donatello, i. d' Elu.
Dur-à-Cuir, i. d' Conquérant, v. p. 201.
Eberneur, i. d' Elu.
E Echo, i. d' Y, v. p. 55.
Ecossaise, i. d' Conquérant.
Elbeuvienne, i. de Marianne.
Elisabeth, i. d' Abrantès.
Emeraude (5), i. d' Y.
Epinette, i. d' Tamberlick (p. s.).
Espérance, i. d' Irlandais.
Etincelle, i. d' Esculape.
Eumène, i. d' Carignan.
Exilée, i. d' Conquérant.
E Express, i. d' Ignace.
Fadette, i. de Ponette.
Fanny-Bell, i. de Young-Fanny.
E Fan-Fan-la-Tulipe, i. d'Y.
Farceur, i. d' Extase, v. p. 30.
Fernand-Cortès, i. d' Centaure.
Fidèle-au-Malheur, i. d' Kilomètre.
Fille-Normande, i. d' Hannon, v. p. 111.
Fionie, i. d' Palanquin.
Fleur-de-Mai, i. d' J'y-Songerai.

---

(1) Apollon, B, 1878, gagnant à 3et 4 ans de 9,500 fr. — R. 1' 44".
(2) Attila B., 1878, gagnant à 3 et 4 ans de 15,825 fr. — R. 1' 38", à Caen, E. Saint-Lô, 1883-84.
(3) Bayard B., 1879, gagnant à 3 ans de 5,988 fr. — R. 1' 47".
(4) Dictateur B., 1881, gagnant à 3, 4 et 5 ans de 4,771 fr. — R. 1' 50".
(5) Emeraude B., 1882, propre sœur d'Attila.

Productions de NORMAND :

Floride, i. de Cravache (p. s.).
Fœdora.
E François I, i. d' Father-Thames (app.).
Franc-Normand, i. d' Phaëton.
E Fred-Archer, i. d' Noville, v. p. 73.
Fresville, i. d' Conquérant.
E Frisson, i. d' Ovide.
E Hardy, i. d' Ouvrier, v. p. 84.
Impéria, i. d' Niger.
Jonquille, i. d' Carignan.
Joyeuse, i. de Corvette.
La Grone, i. de Rigolette.
La Mascotte (1), i. d' The Heir-of-Linne (p. s.).
Léda, i. d' Umber.
Lutine (2), i. d' Tamberlick (p. s.).
Ma Nièce.
Marjolaine, i. d' The Heir-of-Linne.
Mignonne, i. d' Conquérant.
Miss-Fanny, i. d' Eclipse.
Miss-Fauvette.
Miss-Margot, i. d' Dorus.
Neustria, i. d' Eclipse, v. p. 97.
Normande, i. d' Abrantès.
Normande, i. d' Bakaloum (p. s.).
Normande, i. d' Irlandais.
Normande (3), i. d' The Heir-of-Linne (p. s.).
Normande, i. d' T. N. Phœnomenon.
Normandie, i. d' Centaure.
Orange.
Passante, i. d' Vice-Roi.
Perlette.
Quarteronne II (4), i. d' Lavater.
Rainette, i. d' Ionian, v. p. 62.
Rose-Belle, i. d' j. de p. s.
Rose-de-Mai.
Rose-Friquet, i. d' Ignace.
Rose-Mousse, i. d' Eclipse.
Royale-Normande, i. de Jeanneton (p. s.), v. p. 117.
E Saint-Contest, i. d' T.-N. Phœnomenon, v. p. 114.
Saint-Victor, i. d' Ouvrier.
Sarcelle, i. d' Irlandais.
E Serpolet-Bai, i. d' Dorus, v. p. 179.
E Serviteur, i. d' Bayard, v. p. 184.
Sodium, i. d' Conquérant.
E Soldat, i. d' Utrecht.
Stella, i. d' Eclatant.
Talisman, i. de Hariet (p. s.), v. p. 126.
E Trente-et-Un, i. d' Extase, v. p. 30.
E Triancourt, i. d' Ignoré.
E Triboulet, i. d' Hannon.
Triton, i. d' Phœnomenon.
Troyen.
Turlurette, i. d' Ignace, v. p. 86.
Ukase, i. d' Ignorée.
E Ulrich, i. d. j. anglaise, v. p. 195.
E Urff, i. d' Ignace.
E Urgent, i. d' J'y-Songerai.
Urgente, i. d' Noteur.
Utile, i. d' Conquérant.
E Uzerche, i. d' Extase.
E Valdempierre, i. d' Conquérant, v. p. 201.
Vatel, i. d' Abrantès, v. p. 13.

---

(1) La Mascotte, B., 1879, gagnante à 3 et 4 ans de 5,655 fr. — R. 1' 46".
(2) Lutine, B., 1881, gagnante à 3 ans de 4,825 fr. — R. 1' 45". — Mère de Knox, par Etendard, v. p. 65.
(3) Normande, Bb., 1874, gagnante à 3, 4 et 5 ans de 20,725 fr. — R. 1' 44".
(4) Quarteronne II, par Normand ou Noville, v. p. 151.

Productions de NORMAND :

E Va-Tout, i. d' Ignace.
Vesta, i. d' j. arabe.
Victoria.
Virago (1), i. d' Conquérant.
Virago II (2), i. d' Conquérant.
Vision, i. d' Abrantès.
E Vivat, i. d' J'y-Songerai.
Volontaire, i. d' J'y-Songerai.
Voltigeur, par Normand, v. p. 30.
E Vougeot, i. d' Irlandais.
Wagonnette, i. d' Beaumanoir.
Walinda (3), i. d' Noteur.

---

(1) Virago, B., 1877, gagnante de 3 à 7 ans de 88,295 fr. — R. 1' 39".
(2) Virago II, B., 1881, mère de Jongleur IV, E. au D. de la Roche-sur-Yon, de 1891 à 1895.
(3) Walinda est la mère de : Hermès, par Rivoli ; E. à Lamballe et de Géraudel, par Rivoli, E. à Hennebont.

NOSTRADAMUS. B. — 1.59. — 1891. HN.

Cherbourg	Normand	Divus	Québec.
			N. par Electrique.
		Balsamine	Kapirat.
			N. par Débardeur.
	Peschiera	Extase	Thésée.
			Atalante.
		Anita	Conquérant.
			Petite-de-Mer.
Finance (1)	Niger	T. N. Phœnomenon.	Old-Phœnomenon.
			Meklembourgeoise.
		Miss-Bell	américaine.
	Miss-Pierce (2)	Succès	Telegraph.
			N. par The Juggler.
		Lady-Pierce.	américaine.

Né chez M. C. Forcinal, à Neuville (Orne).

1894 a gagné . . . . 17,667 fr.

Vitesse 1894, Rouen, 1'39".

Acheté à M. Forcinal . . . . 17,000 fr.

Saint-Lô : 1895.

(1) Finance, A., 1883, a produit :

1890 Marie-Jeanne, par Echo.
—91 Nostradamus.
—92 Onglette, par Cherbourg, gagnante à 3 ans de 500 fr. — R. 2'01".
—94 Quirinus, par Kiffis.
—95 Roger-Bontemps, par Cherbourg.

(2) Voir les productions de Miss-Pierce, page 173.

NOVICE. A. — 1.62. — 1891. HN.

Fuschia	Reynolds	Conquérant	Kapirat.
			Élisa.
		Miss-Pierce	Succès.
			Lady-Pierce.
	Rêveuse	Lavater	Y. ou Crocus.
			Candélaria.
		Sympathie	Pédagogue.
			Débutante.
Nigérine (1)	Niger	T. N. Phœnomenon	Old Phœnomenon.
			Mecklembourgeoise.
		Miss-Bell	Américaine.
	Laure	Élu	Idalis.
			N. par Tipple-Cider.
		N.	Vladimir.

Né chez M. Leroyer, à Aunai-les-Bois (Orne).

1894 a gagné	44,755 fr.	65,800 fr.
—95 —	21,045	

Vitesse 1894. . . . . . 1' 36".
— —95, Levallois, 1' 33".

Acheté à M. P. Maunoury. . . . 22,000 fr.
Le Pin : 1895.

(1) Nigérine, Bb., 1878, a produit :
1888 Kermesse, par Phaëton, gagnante à 3 ans de 1,300 fr. — R. 1' 49".
—90 Mercure, par Etudiant.
—91 Novice.
—92 Océanic, par Fuschia, gagnante à 3 ans de 2,750 fr. — R. 1' 45".
—93 Primevère, par James-Watt.
—94 Quarantaine, par Krakatoa (p. s.).
—95 Revanche, par Fuschia.

NOVILLE. N. — 1.59. — 1869. HN.

Ipsilanty . . .	T. N. Phœnomenon.	Old-Phœnomenon.	
		Mecklembourgeoise.	
	N.	Sylvio	Trance.
			Hébé par Rubens.
		N.	Valient.
			N. par D. I. O.
Thérence (1). .	Turck.	anglais.	
	Esméralda (2) . . .	Sylvio	Trance.
			Hébé par Rubens.
		Mélanie (3)	anglaise.

Né chez le Marquis de Croix, à Serquigny (Eure).

1872 a gagné. . . . . 900 fr. } 5,900 fr.
—73 — 5,000

Vitesse 1873,. Le Pin, 1' 48".
— Caen, 1' 45".

Acheté au Marquis de Croix. . . . . 10,000 fr.

Le Pin : 1874.

SOMMES GAGNÉES PAR SES PRODUITS :

1878	14,270 fr.	1885	22,485 fr.
—79	23,060	—86	6,000
—80	19,490	—87	10,875
—81	10,540	—88	11,525
—82	32,100	—89	10,815
—83	31,276	—90	23,570
—84	18,164	—91	11,913

1892. . . . . 3,405 fr.

(1) Thérence, 1853, gagnante à Caen. — R. 1' 53". — Mère de Zizi, Essai, Noville.
(2) Esméralda, 1843, mère de Thérence, Urbanité, Vesta, Zitta.
(3) Mélanie, anglaise, née vers 1825, mère de Esméralda, Hector, Impétueuse, par Invincible (p. s.).

Productions de NOVILLE :

E Alérion, i. d' Succès (app.), v. p. 225.
Alice, i. d' Illico.
E Archiduc, i. d' Affidavit (p. s.).
E Argolo (1), i. d' Shâles.
Bagatelle, i. d' Conquérant.
Balthazar, i. d' Conquérant.
Baromètre (2), i. d' Organique.
E Bataclan II, i. d' Conquérant.
E Beaumenil, i. d' Conquérant.
Beausire, i. de Fanfare (p. s.).
E Bégonia i. d' Conquérant, v. p. 25.
Belleda, i. d' Conquérant.
Bérénice, i. d' Lavater.
Bichette, i. d' Condé.
Bon-Espoir (3), i. d' Conquérant.
Bonne-Etoile, i. d' Conquérant.
Bouvreuil, i. d' Conquérant.
Brocardo, i. de Thérence, v. p. 113.
Cadix, i. d' Conquérant.
Calvados, i. d' Conquérant.
Candide, i. d' Conquérant.
Caprice, i. d' Monarque (p. s.).
Cassidy, i. d' Conquérant.
Castillane, i. d' Mazeppa.
Cerisette, i. d' Affidavit (p. s.).
Champagne, i. d' Conquérant.
Chiffonnette, i. de Royal-Topaze (p. s.).
Chimère (4), i. d' Conquérant.
Constance, i. de Fortuna (p. s.), v. p. 106.
Coulmer, i. d' Conquérant.
Croisette, i. d' Conquérant.
Dame-de-Carreau, i. d' Conquérant.
Délaissée, i. d' Conquérant.
Délaissée II, i. d' Interprète.
Destinée (5), i. de Rébecca.
Diablotin, i. de Orpheline.
Diavolo, i. de Grenade.
Douville, i. d' Conquérant.
Drôle-de-Type, i. d' Fire-Away.
Druidesse, i. de Maria (p. s.).
Ecosse, i. d' Affidavit (p. s).
Edimbourg, i. d' Conquérant.
Eglantine, i. de Galathée.
Envahisseur, i. d' Conquérant.
Engadine, i. de Alice (p. s.).
Epave, i. d' Conquérant.
Esmeralda, i. d'Y.
Espérance, i. d' Conquérant.
Espiègle, i. de Orpheline.
E Estèphe ex Emir, i. d' Conquérant.
Fanfare, i. de Fanfare (p. s.).
Fernande, i. d' Conquérant.
Fille-des-Lirats, i. d' Kilomètre.
Fine-Fleur, i. d' Clear-the-Way.
Flamboyante, i. d' Illier.
Fleur-de-Mai, i. d' Valdemar.
Florella, i. d' Conquérant.
Franquette, i. d' Plutus (p. s.).
Galantine, i. d' Tigris.
Galathée, i. d' Sidi-el-Korohann.
E Gallien (6), i. d' Conquérant (app.).
Garde-à-vous, i. d' Tigris.
Gazelle, i. d' Tamerlan.
Good-Night, i. d' Lavater.
Harmonie II, i. d' Galba.
Hébé, i. d' Conquérant.
Hélène, i. d' Conquérant.

(1) Argolo, B., 1878, gagne à 3 ans 3,720 fr. — R. 1' 50".
(2) Baromètre, B., 1879, gagnant à 3, 4 et 5 ans de 7,012 fr. — R. 1' 40".
(3) Bon-Espoir, B., 1877, gagnant à 3 et 4 ans de 7,100 fr.
(4) Chimère, B., 1882, gagnante à 3 et 4 ans de 5,300 fr. — R. 1' 46".
(5) Destinée, G., 1881, gagnante de 31;575 fr. — R. 1' 38", à Vincennes.
(6) Gallien, N., 1885, issu de Perlette, par Conquérant, v. p. 114.

Productions de NOVILLE:

Hermosa (1), i. d' Conquérant.
Héroïne, i. d' Conquérant.
Hirondelle, i. d' Vicomte.
E Ibrahim, i. d' Lilas, v. p. 96.
Ida, i. d' Normand, v. p. 94.
Impétueuse, i. de Sylphide.
Inspiration, i. d' Royal-Quand-Même (p. s.).
E Irun, i. d' Tigris.
Isabelle, i. d' Conquérant.
Jeannette, i. d' Matchless.
Joliette, i. d' Clear-the-Way.
Joyau, i. d' Lilas.
Judelle (2), i. d' Dalila.
Juive, i. d' Conquérant.
Junon, i. d' Illico.
Kabyle, i. d' Gall.
Kaled, i. d' Gall.
Lucifer, i. d' Quintilien.
Mme Angot, i. d' Conquérant.
Mlle de Coudray.
Mariette, i. d' The Heir-of-Linne (p. s.).
Marquise, i. d' Kilomètre.
Mignonne, i. d' Tonnerre-des-Indes (p. s.).
Miss-Noville, i. de Discrétion.
Négresse (3), i. d' Conquérant.
Noce, i. d' Idus (p. s.).
Novilla (4), i. de Shales.
Quarteronne II (5), i. d' Lavater.
E Talma (6), i. d' Royal-Quand-Même (p. s.).
E Télémaque (7), i. d'Affidavit (p. s.).
E Telus, i. d' Carignan.
Thalie, i. d' Conquérant.
Thérésa, i. de They-Mouth.
E Tic-Tac, i. d' Conquérant.
Tirelire, i. d'Brocardo (p. s.).
Titus, i. de Favorite.
Torchette, i. de Nelly.
Train de Poste, i. d' T. N. Phœnomenon, v. p. 114.
Turquoise, i. d' Conquérant.
Turquoise, i. de Victoire (p. s.).
Tyrolienne, i. d' Débardeur.
E Uclès, i. d' Partisan.
Ulgade, i. d' Conquérant.
E Ullao, i. d' Chasle.
E Ulrich, II, i. d' T. N. Phœnomenon, v. p. 114.
Ultima, i. d' Conquérant.
E Ultra, i. d' Carignan.
E Ulysse (8), i. d' j. irlandaise.
E Uni, i. d' Y.
E Ulm, i. d' Conquérant.
E Unicorne ex Ultimatum, i. de Keste (p. s.).
Urbaine, i. d' Conquérant.
E Urbaniste, i. d' Interprète.
Valentine, i. d' Vladimir.
E Valparaiso, i. d' Affidavit.
Vapeur, i. de Fanfare (p. s.).
Vénus, i. d' Conquérant.
Verveine, i. d' Y, v. p. 73.
Victoria, i. d' Conquérant.
Voltigeuse, i. d' Y.
E Voluptueux, i. d' Y.
Zut, i. de Délurée.

---

(1) Hermosa, Bb., 1877, gagnante à 3 et 4 ans de 6,250 fr. — R. 1' 49". — Mère de Saint-Julien (par Valencourt), E. à Lamballe.
(2) Judelle, Bb., 1887, gagnante à 3, 4 et 5 ans de 7,726 fr. — R. 1' 43".
(3) Négresse, N., 1885, gagnante à 3 et 4 ans de 5,325 fr. — R. 1' 43".
(4) Novilla, Bb., 1877, gagnante à 3 ans de 3,960 fr. — R. 1' 56". — Mère de Garçonnet (par Valencourt).
(5) Quarteronne II, N., 1879, est par Normand ou Noville, gagnante à 3 ans de 21,775 fr. — R. 1' 41".
(6) Talma, Bb., 1875, par Kilomètre ou Noville, gagnant à 3 ans de 9,600 fr. — R. 1' 48".
(7) Télémaque, B., 1875, issu de Cérès, gagne à 3 et 4 ans 13,100 fr. — R. 1' 45".
(8) Ulysse, B., 1876, gagne à 3 ans 10,725 fr. — R. 1' 51".

ORAN. A. — 1.63. — 1892. HN.

Fuschia. . . .	Reynolds	Conquérant.	Kapirat.
			Élisa.
		Miss-Pierce	Succès.
			Lady-Pierce
	Rêveuse.	Lavater.	Y. ou Crocus.
			Candelaria.
		Sympathie	Pédagogue.
			Débutante.
Fatma (1). . .	Serpolet-Bai	Normand	Divus.
			Balsamine.
		Margot	Dorus.
			N. par Introuvable.
	Camélia.	Élu	Idalis.
			N. par Tipple-Cider.
		Crinoline	Séducteur.
			Orpheline.

Né chez M. Lecorroyeur, à la Fresnaye (Sarthe).

1895 a gagné. . . . . 7,524 fr.

Vitesse 1895, Caen, 1' 45".

Acheté à M. Lallouet. . . . . . 20,000 fr.

Le Pin : 1895.

(1) Fatma, B., 1883, a produit :

1888 Kirsch, par Etudiant.
—90 Mérise, par Fuschia.
—91 Nubienne, par Fuschia, gagnante à 3 ans de 200 fr. — R. 1' 54".
—92 Oran, par Fuschia.
—93 Pompéï, par Fuschia.
—95 Rocles, par Fuschia.

ORPHÉE. A. — 1.59. — 1870. HN.

The Heir-of-Linne	Galaor	Muley-Moloch . . .	Muley.
			Nancy.
		Darioletta.	Amadis.
			Selima.
	Mrs Walker.	Jereed.	Sultan.
			My-Lady.
		Zingance-Mare . . .	Priam ou Zingance.
			Orville mare.
Ugoline	Ugolin	Parisien.	Ganymède.
			N. par Biron.
	N.	Uzel	Myrthe.
			N. par Ramsay.
		N.	Gérôme.

Né chez M. Gosselin, à Sainte-Marie-du-Mont (Manche).

1873 a gagné . . . . . 7,500 fr.
—74 — . . . . . 20,300 } 27,800 fr.

Vitesse 1874, Caen, 1' 46".
— Le Pin, 1' 46".

Acheté à M. Revel. . . . . 12,000 fr.
Saint-Lô : 1875-87.

SOMMES GAGNÉES PAR SES PRODUITS :

1880	4,100 fr.	1884	7,463 fr.
—81	6,120	—85	250
—82	8,675	—86	1,150
—83	13,385	—87	2,025

1888 . . . . 6,550 fr.

NOTA. — L'étalon Quickly ex Quelqu'un, A., 1872, est le propre frère d'Orphée; Quickly a fait la monte au D. de Saint-Lô, de 1876 à 1883.

Productions d'ORPHÉE :

Album, i, d' Hussein.
Arow (1), i. de Favorite par Lavater.
E Auguste, i. d' Corsair, v. p. 226.
Baladin, i. d' Garde-à-Vous.
Bosphore, i. d' Bagdad.
Boston, i. d' Vadermulin.
Briséis, i. d' Lavater.
Creuilly, i. d' Conquérant.
Esther, i. d' Jean-Bart.
Favorite, i. d' Hussein.
E Frein, i. d' Harmonieux.
E Glaive, i. d' Bravo (p. s.).
Glorieuse, i. d' Forey.
Kent, i. d' Tamerlan.
Karikal, i. d' Dictateur.
La Petite, i. d' Laboureur.
L'Etoile, i. d' Auguste (p. s.).
Libérale, i. d' Corsair.
Lina, i. d' Bravo.
Olivette, i. d' Corsair, v. p. 226.
Orphée, i. d' Invariable.
Orphéide, i. d' Giboyer.
Orphélie, i. d' Auguste (p. s.).
Orphélie, i. d' Quid-Juris (p. s.).
Orpheline, i. d' Quid-Juris (p. s.).
Orpheline, i. d' Va-de-Bon-Cœur.
Orpheline (2), i. d' Wild-Bird (p. s.).
Ourika, i, de Ouglianca.
Parfaite, i. d' Jambon.
Pimpante, i. d' Quarteron.
Polisson (3), i. de Emigrée.
Suzanne.
Tibère, i. d' Ministère (p. s.).
Ugoline, i, d' Quid-Juris (p. s.).
Uranus, i. d' Pater.
E Ussier ex Uzel, i. d' Quaker (p. s.), v. p. 224.
E Utique, i. d' Corsair, v. p. 226.
Uzel, i. d' Marco-Spada.
E Valérien ex Valognes, i. d' Nemrod.
Vizir, i. d' Orloff.
Vulcain (4), i. d' Conquérant.

---

(1) Arrow, B., 1878, gagnante à 3 ans de 2,870 fr. — R. 2' 05", mère de Maya.
(2) Orpheline, A., 1878, gagnante à 3, 4, 5 et 6 ans de 30,590 fr. — R. 1' 39".
(3) Polisson, A., , gagnant de nombreuses courses. — R. 1' 39".
(4) Vulcain, B., 1877, issu de Sans-Tache, par Conquérant, gagnant à 3 ans de 4,100 fr. — R. 1' 53".

OTHON. B. — 1.60. — 1892. HN.

<table>
<tr><td rowspan="8">Fuschia</td><td rowspan="4">Reynolds</td><td rowspan="2">Conquérant</td><td>Kapirat.</td></tr>
<tr><td>Élisa.</td></tr>
<tr><td rowspan="2">Miss-Pierce</td><td>Succès.</td></tr>
<tr><td>Lady-Pierce</td></tr>
<tr><td rowspan="4">Rêveuse</td><td rowspan="2">Lavater</td><td>Y ou Crocus.</td></tr>
<tr><td>Candelaria.</td></tr>
<tr><td rowspan="2">Sympathie</td><td>Pédagogue.</td></tr>
<tr><td>Débutante.</td></tr>
<tr><td rowspan="6">Iris (1)</td><td rowspan="2">Héliotrope</td><td colspan="2">Pledge ou Thésée.</td></tr>
<tr><td>N.</td><td>Séducteur.</td></tr>
<tr><td rowspan="4">Orange</td><td rowspan="2">Élu</td><td>Idalis.</td></tr>
<tr><td>N. par Tipple-Cider.</td></tr>
<tr><td rowspan="2">N.</td><td>Séducteur.</td></tr>
<tr><td>N. par Prince.</td></tr>
</table>

Né chez M. Moreuil, à Saint-Aubin-d'Appenay (Orne).

1895 a gagné. . . . . . 19,396 fr.

Vitesse 1895, Vincennes, 1' 43".

Acheté à M. Lebaudy . . . . 20,000 fr.

Saint-Lô : 1895.

(1) Iris, B., 1873, a produit :

1877 Vanda, par Abrantès.
—78 Arlette, par Hannon.
—79 Bluette, par Hannon.
—83 Fauvette, par Marignan.
—84 Gaillard, par Marignan.
—86 Indécise, par Beaugé.
—88 Kaoline, par Beaugé.
—91 Etudiant, par Etudiant.
—92 Othon.

PACTOLE. B. — 1,63. — 1871 (approuvé en 1876). HN.

The Heir-of-Linne	Galaor	Muley-Molock	Muley. Nancy.
		Darioletta	Amadis. Selima.
	Mrs Walker	Jereed	Sultan. My-Lady.
		Zinganee-Mare	Priam ou Zinganee. Orville mare.
Tarrare (1)	Giboyer	Pledge	Royal-Oak. N. par Y. Rattler.
		N.	Chesterfield-Junior. N. par Québec.
	N.	Tarrare	Caton. Henrietta.
		N	Sauvage. N. par Bob-Warwick.

Né chez M. Prémont, à Sainte-Marie du-Mont (Manche).

1874 a gagné	10,900 fr.	30,800 fr.
— 75 —	19,900	

Vitesse 1874, Caen, 1' 46".
— — Le Pin, 1' 48".
— 1875, Caen, 1' 39".
— — Le Pin, 1' 43".

A fait la monte chez M. Revel en 1876 ; acheté par l'Administration : 8,000 fr.
La Roche-sur-Yon : 1877-92.

SOMMES GAGNÉES PAR SES PRODUITS :

1881	12,310 fr.	1887	3,266 fr.
— 82	11,720	— 88	7,575
— 83	5,980	— 89	9,115
— 84	5,650	— 90	1,390
— 85	4,210	— 91	900
— 86	4,546	— 92	400

(1) Tarrare est la bisaïeule de Jaguar III, v. p. 102.

Productions de PACTOLE :

Abd-el-Kader, i. d' Karibon.
Actéon, i. d' Joyeux.
E Alfort ex Avenir, i. d' Kapirat II.
Algèbre (1), i. d' Royal-Quand-Même (p. s.).
E Anglès (2), i. d' Caldéron.
E Banquier (3), i. d' Jambes-d'Argent.
Bastien, i. d' Courtomer.
Bécassine, i. d' Kapirat II.
Bel-Avenir, i. d' Kapirat II.
Bonapartiste (4), i. d' Houdon.
Calypso, i. d' Kapirat II.
Canotier, i. d' Coral.
Capucine, i. d' Acacia.
Cérès, i. d' Turpin.
E Ceylan, i. d' Necker.
Cinna, i. d' Jambes-d'Argent.
Clio, i. d' Kapirat II.
E Colbert, i. d' Jambes-d'Argent.
Confiance, i. de Metella.
Consolation (5), i. d' Caldéron.
Dacca, i. d' Kapirat II.
Débutant, i. d' Courtomer.
E Desgenettes ex Diable-à-Quatre, i. d' Jambes-d'Argent.
Destinée, i. d' Acacia.
Diamant, i. d' Coral.
Diavolo, i. d' Kapirat II.
Dictée, i. de Rigolette.
Dika, i. d' j. de p. s. a. a.
Dora, i. d' Kapirat II.
Dorothée, i. d' Royal-Quand-Même (p. s.).
Duchesse, i. d' Necker.
E Echanson, i. d' Jambes-d'Argent.
Eglantier, i. d' Brocardo.
Elégant, i. d' Kapirat II.
Elégante, i. d' Kapirat II.
Epinette, i. d' Idoménée.
Espoir, i. d' Necker.
Etoile-du-Nord, i. d' Acacia.
Facteur-d'Amour, i. d' Caldéron.
E Fédry, i. d' Kapirat II.
Fille-de-l'Air, i. d' Glaneur (p. s.).
Fleur-de-Thé, i. d' Jambes-d'Argent.
Fœdora, i. d' Kapirat II.
Folette, i. d' j. normande.
Fortunio, i. d' John-Bull.
Framboise, i. d' Karibon.
Francine, i. d' Gouvernail (p. s.).
Frou-Frou, i. d' Houdon.
E Gambetti, i. d' Nique.
Gamin, i. d' j. irlandaise.
Gazelle (6), i. d' Jambes-d'Argent.
Gondolière, i. d' Eros.
Goutte-d'Or, i. d' Kapirat II.
Grande-Duchesse, i. d' Necker.
Grande-Mademoiselle, i. d' Caracalla.
Grandeur, i. d' Caldéron.
Grand-Plessis, i. d' j. irlandaise.
Harmonie, i. d' Indiana.
Harmonie, i. d' Karmignac.
Hazard, i. d' Héros.
Hélène, i. d' Kapirat II.
Hergotine, i. d' Karibon.
Idéale, i. d' John-Bull.
Irma, i. d' Acacia.

---

(1) Algèbre, A., 1878, gagnant à 3, 4 et 5 ans de 4,775 fr. — R. 1' 50".
(2) Angles, B., 1878, gagnant à 3 ans de 8,810 fr. — R. 1' 49", E. à Saintes, de 1882 à 1884.
(3) Banquier, B., 1879, gagnant à 3 ans de 7,970 fr. — R. 1' 50", E. à Saintes.
(4) Bonapartiste, R., 1879, gagnant à 3 et 4 ans de 2,750 fr. — R. 1' 50".
(5) Consolation, B., 1880, gagnante à 3, 4, 5 et 6 ans de 14,095 fr. — R. 1' 43".
(6) Gazelle, B., 1884, gagnante à 3, 4 et 5 ans de 19,566 fr. — R. 1' 36".

Productions de PACTOLE :

Irmensul, i. d' Jambes-d'Argent.
Jeanne-d'Arc, i. d'Acacia.
Jolie-Fille, i. d' Jambes-d'Argent.
Jonquille, i. d' Beauvoir.
Joséphine, i. d' Caldéron.
Jovial, i. d' John-Bull.
Judith, i. d' Kapirat II.
Kolette, i. d' Jambes-d'Argent.
La Coudraie, i. d' j. anglaise.
Libertine, i. d' Acacia.
Ma Camarade, i. d' Magistrat.
Marcheuse (1), i. d' j. vendéenne.
Maria-Thérèse, i. d' Abrantès.
Mignonnette, i. d' Jambes-d'Argent.
E Mirabeau, i. d' Le Lion (p. s.).
Ninon, i. d' Jambes-d'Argent.
Orphelina, i. d' Kapirat II.
Orpheline, i. d' Kapirat II.
Pactolette, i. d' Jambes-d'Argent.
Pâquerette (2), i. d' j. anglaise.
Surprise, i. d' Kapirat II.
Tulipe, i. d' Y. Tigris.
Trompe-l'Œil, i. d' Y. Atlas.
Vendéenne (3), i. d' Jambes-d'Argent.
E Vivat III, i. d' Lavater.
E Volcan, i. d' Conquérant.

---

(1) Marcheuse, A., 1881, mère de Karibon, par César, v. p. 28.
(2) Pâquerette, mère de Violette, par Arcole, v. p. 21.
(3) Vendéenne, grand'mère de Mars, v. p. 130.

PHAËTON. A. — 1,61. — 1871. HN.

The Heir-of-Linne.	Galaor	Muley-Molock . . .	Muley.
			Nancy.
		Darioletta.	Amadis.
			Selima.
	Mrs Walker.	Jereed	Sultan.
			My-Lady.
		Zingance-Mare . . .	Priam ou Zingance.
			Orville mare.
La Crocus . . . . (demi-sœur de Conquérant) V. p. 224.	Crocus	anglais.	
	Élisa	Corsair	Knox's-Corsair.
			N. par Cleveland.
		Élise	Marcellus.
			La Panachée par D.I.O.

Né chez M. Lécuyer, à Saint-André-de-Bohon (Manche).

1874 a gagné.	. . . .	3,200 fr.	10,300 fr.
—75 —	. . . . . .	7,100	

Vitesse 1874, Caen et Le Pin, 1' 52".
— —75, Caen, 1' 45".

Acheté à M. Revel . . . . 12,000 fr.
Le Pin : 1876-1896.

SOMMES GAGNÉES PAR SES PRODUITS :

1880	17,205 fr.	1888	92,353 fr.
—81	13,920	—89	111,762
—82	20,810	—90	108,344
—83	16,420	—91	111,846
—84	40.195	—92	88,272
—85	64,565	—93	72,725
—86	148,348	—94	94,957
—87	104,096	—95	114,952

Productions de PHAËTON :

Actéon, i. d' Inkermann.
Aiglonne (1), i. d' Niger.
E Albatros, i. d' Hannon.
Andrinette, i. d' Centaure.
Arabella, i. d' Condé.
Araucaria, i. d' Wild-Fire.
Balsamine (2), i. d' Church-Militant.
Bataclan (3), i. d' Optime.
Bazole (4), i. d' Koumri-el-Zaphir.
Belle-Charlotte, i. d' Abrantès, v. p. 101 et 57.
Bettina, i. de La Moulinaise.
Bonne-Mère, i. d'Abrantès, v. p. 57.
Bluette, i. d' Quiclet.
Brick, i. d' Séducteur.
E Camembert (5), i. d' Thésée.
Capucine, i. d' Quiclet.
Célèbre, i. d' Abrantès.
Cérès, i. d' Quiclet.
Clémentine (6), i. d' Elu.
Clocher, i. d' Niger.
E Courtomer, i. d' Sincerity.
Dach, i. d' Koping.
Damoclès, i. d' Serpolet B.
Dépoque, i. d' Marx.
E Dératé, i. d' Abrantès, v. p. 135.
Diogène, i. d' Séducteur.
Diva (7), i. d' Pretty-Boy.
Docile, i. d' Elu.
Dosia, i. d' Lavater.
Dulcinée (8), i. d' Abrantès.
Ecolière, i. d' Gall, v. p. 80.
Eglantine, i. d' Eclipse.
Ellora (9), i. d' Elu.
E Elski (10), i. d' Marx.
E Emir, i. d' Hannon.
Escapade (11), i. d' Séducteur.
Esméralda, i. d' Gaulois.
Espérance, i. d' Parthénon, v. p. 68.
E Essai, i. d' Extase.
Etincelle (12), i. d' Centaure.
Etoile, i. d' Utrecht.
Eurydice, i. d' Coleraine.
Eva, i. d' Elu, v. p. 98.
E Faisan, i. d' Hippocrate.
Farandole, i. d' Conquérant, v. p. 129.
Fauvette (13), i. d' Elu.
Fauvette, i. d' Serpolet R.
Faveur, i. d' Coleraine.
Favorite, i. d' Abrantès, v. p. 135.
Favorite, i. d' Quiclet.
Favorite, i. d' Quiclet.
Figurante, i. de Fleur-de-Lys (p. s.).
Finlande (14), i. d' Séducteur.
Fleur-d'Epine, i. d' Quiclet.

---

(1) Aiglonne, A., 1888, gagnante à 3, 4 et 5 ans de 12,420 fr. — R. 1' 38".
(2) Balsamine, A., 1879, gagnante à 3 ans de 10,420 fr. — R. 1' 50".
(3) Bataclan, B., 1879, gagnant à 3 ans de 5,050 fr. — R. 1' 50".
(4) Bazole, G., 1883, gagnant en course 38,215 fr. — R. 1' 34".
(5) Camembert, B., 1880, issu de Conquérante, par Thésée, gagnant à 3 et 4 ans de 6,775 fr. — R. 1' 45". Acheté 9,000 fr. D. du Pin.
(6) Clémentine, A., 1880, mère de Koleah, par Élan et de Orage, par Fuschia.
(7) Diva, A., 1882, gagnante de 23,052 fr. — R. 1' 40".
(8) Dulcinée, B., 1881, gagnante à 3, 4 et 5 ans de 4,580 fr. — R. 1' 44", mère de Messagère.
(9) Ellora, B., 1882, gagnante à 3 et 4 ans de 34,270 fr. — R. 1' 35".
(10) Elski, N., 1882, gagnante à 3 et 4 ans de 7,417 fr. — R. 1' 45".
(11) Escapade, A., 1882, gagnante à 3 et 4 ans de 6,350 fr. — R. 1' 44", mère d'Osmonde, par Fuschia.
(12) Etincelle, A., 1883, gagnante à 3 et 4 ans de 21,074 fr. — R. 1' 39".
(13) Fauvette, B., 1883, gagnante à 3 et 4 ans de 8.545 fr. — R. 1' 40".
(14) Finlande, A., 1883, gagnante à 3 ans de 53,892 fr. — R. 1' 37".

Productions de **PHAËTON** :

Fleuron, i. d' Hidalgo.
E Flibustier, i. d' Parthénon, v. p. 68.
Flore (1), i. d' Kilomètre.
E Florian, i. d' Quiclet.
E Français III (2), i. d' Elu.
Frégate, i. d' Elu, v. p. 78.
Frégate (3), i. d' Marx.
Frétillon, i. d' Elu.
Fribourg, i. d' Inkermann.
Frontignan, i. d' Marx.
Gabrielle, i. d' Niger.
Galantin, i. d' Elu.
E Galba, i. d' Gall, v. p. 80.
Gambade, i. d' Eclipse, v. p. 134.
Gamine, i. d' Parthénon, v. p. 68.
E Gastadour, i. d' Inkermann.
Gazelle (4), i. d' Quiclet.
Georgina, i. d' Hippocrate.
Gérance (5), i. d' Séducteur.
Germaine, i. d' Elu.
E Gévaudan, i. d' Noville.
Gil-Blas, i. d' Affidavit (p. s.).
Giralda, i. d' Falcrio.
Giselle, i. d' Quiclet.
Gitana, i. d' Abrantès.
Glorieuse, i. d' Quiclet.
Glorieuse, i. d' Praticien.
Grenade, i. d' Niger.
E Guignol, i. d' Elu.
Hallali (6), i. de Amourette (p. s.).
E Harley, i. d' Normand, v. p. 86.
Haut-Mesnil (7), i. d' Conquérant.
E Haut-Sauterne, i. d' Fleuron.
Heber, i. d' Racoleur.
Helden, i. d' Ecole II.
E Hernani, i. d' Lucain, v. p. 89.
Héroïne, i. d' Interprète.
Heuland (8), i. d' Interprète.
E Hola, i. d' Montfort (p. s.).
Huit (9), i. d' Buci.
Ida, i. d' Interprète.
Ignotus, i. de Aster (p. s.).
Ile-de-France (10), i. d' Noville.
E Ilot, i. d' Normand, v. p. 97.
Impérieuse, i. d' Interprète.
E Impromptu, i. d' Hippomène.
Incartade, i. d' Normand.
Indiana, i. d' Normand, v. p. 86.
E Indicateur, i. d' Noville.
Indiscrète, i. d' Normand.
Infanterie, i. d' Conquérant.
E Inkermann (11), i. d' Interprète.
Intrépide, i. d' Montfort (p. s.).
Iris, i. d' Estafette.
Iris, i. d' Urus.
Italien, i. d' Normand, v. p. 62.
Jacinthe, i. d' Normand, v. p. 62.
Jahel, i. d' Normand.
E Jaloux, i. d' Centaure, v. p. 8.
E James-Watt, i. d' Vichnou, v. p. 103.
Janus, i. d' Serpolet B.
E Jason, i. d' Kapirat, v. p. 225.
Jaseuse, i. d' Normand.

(1) Flore, N., 1883, gagnante à 3, 4 et 5 ans de 13,425 fr. — R. 1' 37".
(2) Français III, A., 1883, gagnant à 3 ans de 6,500 fr. — R. 1' 43". Acheté 11,000 fr., E. à la Roche.
(3) Frégate, B., 1888, gagnante à 3 et 4 ans de 5,610 fr. — R. 1' 41".
(4) Gazelle, A., 1884, gagnante à 3 ans de 8,393 fr. — R. 1' 43".
(5) Gérance, A , 1884, gagnante à 3 ans de 28,325 fr. — R. 1' 41".
(6) Hallali, A., 1890, gagnant à 3 ans de 5,290 fr. — R. 1' 46".
(7) Haut-Mesnil, B., 1885, gagnant à 3 ans de 23,025 fr. — R. 1' 41".
(8) Heuland, B., 1885, gagnant de 1888 à 1893 de 10,575 fr. — 1' 44".
(9) Huit, A , 1887, gagnant en course de 9,593 fr. — R. 1' 35", à Levallois.
(10) Ile-de-France, B., 1886, gagnante à 3 et 4 ans de 14,332 fr. — R. 1' 52".
(11) Inkermann, B., 1886, gagnant à 3 et 4 ans de 11,455 fr. — R. 1'41", E. à Lamballe.

Productions de PHAËTON :

Java (1), i. d' Serpolet B.
Javeline, i. d' Gall, v. p. 80.
Javelot, i. de Rose-Pompon.
Javotte (2), i. d' Inkermann.
Jeanne d'Arc, i. d' Elu.
Jeanne-Hachette, i. d' Marx, v. p. 100.
Jeanneton IV (3), i. d' Telegraph.
Jeannette, i. d' Abrantès.
Jeannette, i. d' Noville.
Jeannette V, i. d' Hippocrate.
Jenny-l'Ouvrière, i. d' Niger.
Jenny-Lind, i. d' Hospodar.
Jéricho, i. d' Centaure.
Joliette, i. d' Conquérant.
Jongleur, i. de Bamboche (p. s.).
Judith, i. d' Elu.
Judith, i. d' Gaulois.
E Jusant, i. d' Niger.
Justine, i. d' Conquérant.
E Justinien, i. d' Abrantès.
Kabylie, i. d' Serenader.
E Kachemyr, i. d' Normand, v. p. 111.
Kaïd, i. d' Conquérant.
E Kali, i. d' Lavater, v. p. 224.
Kamiech, i. d' Clear-the-Way.
Kapirat III, i. d' Serpolet B, v. p. 136.
Karthoum, i. d' Niger.
Kermesse, i. d' Sincerity.
Kermesse, i. d' Niger, v. p. 148.
Ketty, i. de Lisbeth (p. s.).
Kina, i. d' Conquérant.
Kis-Me, i. d' Hannon.
E Koklani, i. d' Nolleval.
Koran, i. d' Marx, v. p. 100.
Korrigane, i. d' Y. Quick-Silver.
E Kremlin, i. d' Quiclet.
E Kummel, i. d' Niger.
Kyrielle (4), i. d' Niger.
La Cerise (5), i. d' Hannon.
Lagopède, i. d' Y. Quick-Silver.
Lahore (6), i. d' Serpolet B.
Lancier, i. d' Niger.
La Sarthoise, i. d' Inkermann.
La Saumonée, i. d' Kilomètre.
Lavallière, i. d' Niger.
Léda (7), i. d' Valdempierre.
Le Don, i. d' Niger, v. p. 127.
Lentille, i. d' Noville.
E Levraut, i. d' Gall, v. p. 125.
Libertin (8), i. d' Eclipse.
Libertine, i. d' Niger.
Linotte, i. de El-Kourbi (p. s.).
Liseron, i. d' Elu.
E Livet, i. d' Lavater ou Crocus.
E Lobau ex Lilas, i. d' Parthénon, v. p. 68.
Loch, i. d' Niger.
Lola-Montes, i. d' Rivoli, v. p. 110.
L'Orne, i. d' Uriel.
Louis-d'Or, i. de Lisbeth (p. s.).
Lutèce, i. d' Praticien.
Lycopode, i. d' Kapirat.

(1) Java, Bb., 1887, gagnante à 3, 4 et 5 ans de 7,960 fr. — R. 1' 40".
(2) Javotte, B., 1887, gagnante à 3 et 4 ans de 17,885 fr. — R. 1' 40".
(3) Jeanneton IV, A., 1887, gagnante à 3, 4 et 5 ans de 7,105 fr. — R. 1' 41".
(4) Kyrielle, B., 1888, gagnante à 3 et 4 ans de 11,405 fr. — R. 1' 38".
(5) La Cerise, B., 1889, gagnante à 3, 4 et 5 ans de 11,260 fr. — R. 1' 39".
(6) Lahore, B., 1888, gagnante à 3 et 4 ans de 6,455 fr. — R. 1' 40".
(7) Léda, B., 1887, gagnante à 3 et 4 ans de 11,290 fr. — R. 1' 41".
(8) Libertin, B., 1889, gagnant à 3 et 4 ans de 6,065 fr. — R. 1' 42".

Productions de PHAËTON :

Lydia (1), i. d' Niger.
Lydie, i. d' j. anglaise.
Mlle de Maison-Rouge, i. de Paysanne.
Mlle de Mahéru, i. de Jeanne-Hachette.
Mlle des Touches, i. d' Flageolet.
Mandragore (2), i. d' Y. Q. Silver.
Marie Tudor, i. d' Normand.
Marseillaise, i. d' Serpolet.
Mélinite, i. d' Matchless.
Mérion, i. d' Valdempierre.
Mignon (3), i. d' Ulrich II.
Minerve, i. de Hirondelle.
Minute, i. d' Parthénon, v. p. 68.
Miss-Vilna, i. d' Gaulois.
Molus, i. d' Centaure.
Monnaie, i. d' Uriel.
Monsieur Georges, i. de Georgette.
Montebello, i. d' Niger.
Montjoie (4), i. d' Kapirat.
Montigny, i. de La Clarence.
Muscade, i. d' Niger.
E Muscadin (5), i. d' Serpolet.
Myrtille, i. d' Praticien.
Nabab, i. d' Serpolet B.
Nacelle, i. d' Trocadéro, v. p. 91.
Nadège (6), i. de Amourette (p. s.).
Nana, i. d' Cherbourg.
E Narcisse, i. d' Niger.
E Napoléon, i. d' Serpolet, B., v. p. 136.
Narsès, i. d' Normand, v. p. 86.
Navette, i. d' Noville.
Négresse, i. d' Séducteur.
Nemrod, i. d' Noville.
Nephté, i. d' Valdempierre.
Nestor, i. d' Niger.
E Neuf (7), i. d' Marx.
Neva (8), i. d' Niger.
New-Eva, i. d' Uriel.
E Nigaud, i. d' Inkermann.
Niniche, i. d' Conquérant.
Niobé, i. d' Y. Q. Silver, v. p. 90.
Nitouche (9), i. d' Praticien (p. s.).
Noble-Etrangère, i. d' Niger, v. p. 127.
Nolla, i. d' Koping.
E Non-Sens, i. d' St-Rigomer.
Norodon, i. d' Niger.
Nougat, i. d' Inkermann.
Noisette, i. d' Kilomètre.
E Nouveau-Monde, i. d' Valdempierre.
Nouvelle-Idée, i. d' Dictateur.
Numérie, i. d' Valdempierre.
Nuits, i. d' Lavater.
Odette, i. d' Barrabas.
E Odin, i. d' Cherbourg.
Œillade, i. d' Normand, v. p. 86.
Old Champagne, i. d' Lavater, v. p. 110.
E Oldembourg (10), i. d' Cherbourg, v. p. 110.
Old-Grenne (11), i. d' Uriel.

---

(1) Lydia, B., 1889, gagnante à 3 et 4 ans de 7,740 fr. — R. 1' 35''.
(2) Mandragore, A., 1883, gagnante à 3, 4 et 5 ans de 14,260 fr. — R. 1' 37''.
(3) Mignon, A., 1890, gagnant à 3 et 4 ans de 9,979 fr. — R. 1' 38''.
(4) Montjoie, B., 1883, gagnant de 1886 à 1893, de 40,081 fr. — R. 1' 38''.
(5) Muscadin, Bb, 1890, gagnant à 3 et 4 ans de 5,850 fr. — R. 1' 38''. Acheté 8,000 fr., E. à Lamballe.
(6) Nadège, A., 1884, gagnante à 4 ans de 7,485 fr. — R. 1' 42''.
(7) Neuf, A., 1891, gagnant à 3 ans de 5,900 fr. — R. 1' 42''. Acheté 7,500 fr., E. à Lamballe.
(8) Néva, A., 1888, gagnante à 3, 4 et 5 ans de 36,172 fr. — R. 1' 37''.
(9) Nitouche, B., 1884, gagnante à 3, 4 et 5 ans de 13,705 fr. — R. 1' 39''.
(10) Oldembourg, B., 1892, gagnant à 3 ans de 10,695 fr. — R. 1' 42''. Acheté 8,500 fr., E. à la Roche.
(11) Old-Grenne, B., 1892, gagnant à 3 ans de 11,780 fr. — R. 1' 43''.

Productions de PHAËTON :

Olga, i. d' Hidalgo.
Olive, i. d' Valdempierre.
Olivette (1), i. d' Braconnier (p. s.).
Olivette, i, d' Normand.
Ondine, i. d' Tigris.
Opportune, i. d' Serpolet B., v. p. 136.
Orne, i. d' Dictateur.
Oriental, i. d' Gaulois.
Oromedon, i. d' Valdempierre.
Orphelin, i. d' Taconnet.
Orthesie, i. d' Valdempierre.
Orvietan, i. d' Dictateur.
Osmonde (2), i. d' Niger.
Ouvrière, i. d' Valdempierre.
Oxfort, i. d' Normand.
Palestine, i. d' Normand, v. p. 86.
Pamela, i. d' Niger.
Parbleu, i. d' Serpolet B.
Passe-Rose, i. d' Serviteur.
Pastourelle, i. d' Abrantès.
Pegriotte, i. d' Séducteur.
Pénélope, i. d' Valdempierre.
Pépin le Bref, i. d' Valdempierre.
Pertula, i. d' Valdempierre.
Petit-Cœur, i. d' Beaugé.
Petit-Poucet, i. d' Valdempierre.
Podensac, i. d' Valdempierre.
Prima-Dona, i. d' Normand, v. p. 111.
Qualité, i. d' Niger.
Quatre-Joies, i. de Joyeuse III.
Québec, i. d' Valdempierre.
Quimper, i. d' Gaulois.
Quine, i. d' Cherbourg.
Quinola, i. d' Un.
Quintal, i. d' Eclipse.
Quirinal, i. d' Cherbourg.
Rivolta, i. d' Eclipse.
Saint-Léonard (3), i. d' Eclipse.
Sans-Nom, i. d' Conquérant, v. p. 36.
Sarbacanne, i. d' Edhen (p. s. a.).
Saute-Ruisseau, i. d' Tigris.
Solange, i. d' Sir-Quid-Pigtail (p.s.).
Surprise, i. d' Noteur.
Surprise, i. d' Tigris.
Suzon, i. d' Séducteur, v. p. 171.
Thesea, i. d' Faust (p. s.).
Topaze, i. d' Solide.
Torpille, i. d' Marignan.
Tricoteuse (4), i. d' Montfort (p. s.).
Trompette, i. d' Morgan.
Ulysse, i. d' Abrantès.
E Vainqueur, i d' Fidèle.
E Valère, i. d' Hidalgo.
E Vera-Cruz, i. d' Abrantès.
Vert-Galant III (5), i. d' Bassompierre.
Verveine (6), i. d' Abrantès.
Volupté, i. d' Utrecht.
Xercès, i. d' Urus.
E Young-Kapirat, i. d' Kapirat, v. p. 225.
Young-Phaëton, i. de La Gouvière (p. s.).
Zig-Zag, i. d' Solide.

(1) Olivette, B., 1892, par Glaneur ou Phaëton, gagnante à 3 ans de 16,082 fr. — R. 1' 38".
(2) Osmonde, B., 1892, gagnante à 3 ans de 12,819 fr. — R. 1' 41".
(3) Saint-Léonard, B., 1891, gagnant à 3 et 4 ans de 6,410 fr. — R. 1' 41".
(4) Tricoteuse, B., 1885, gagnante à 3, 4 et 5 ans de 26,157 fr. — R. 1' 36".
(5) Vert-Galant III, B., 1877, issu de La Blosserie, par Bassompierre, gagnant à 3 et 4 ans de 18,820 fr. — R. 1' 50".
(6) Verveine, B., 1877, gagnant à 3, 4 et 5 ans de 11,030 fr. — R. 1' 46".

POLKANTCHICK. G. — 1.60. — 1871 (approuvé).

MM. de Günsburg et Popoff. — M. Perrot.

Son père, Dujack, 1/2 sang russe; sa mère, Zabara, 1/2 sang russe.

Né en Russie.

1879 a gagné.	5,250 fr.	20,825 fr.
—80 —	15,575	

Vitesse 1879, Vincennes, 1' 42", sur 5,000 mètres.

— —80, — 1' 40", —

Pont-l'Évêque : 1881-82.

La Guerche : 1883-88.

Sommes gagnées par ses produits :

1885	26,363 fr.	1889	21,791 fr.
—86	14,846	—90	10,700
—87	9,030	—91	12,925
—88	26,691	—92	4,290

1893. . . . . . 5,400 fr.

Productions de POLKANTCHICK :

Axiome, i. d' Morgan.
Belgrave, i. de Milolika.
Brigadier (1), i. de Lowkaja.
Candide, i. d' Conquérant.
Chambaudoin, i. de Tchoudnaya.
Cosaque, i. de Krilataya.
Crimée, i. de Soudarka.
Duc de Berry, i. d' Peretz.
Eckau, i. d' Conquérant.
Eglantier, i. d' j. arabe.
Egoof, i. d' Noville.
Elan, i, d' Crocus.
Elbœuf, i. d' Trotten-Rattler.
Emidoff (2), i. d' Noville.
Emporte-Pièce (3), i. d' Noville.
Endevée, i. d' Gall.
Etoile-Filante (4), i. d' Noville.
Eureka, i. d' Quinola.
Evidence, i. d' Morgan.
Falério, i. d' Conquérant.
Fauvette III, i. d' Conquérant.
Ferronnière, i. d' Conquérant.
Feuille-de-Houx, i. d' Crocus.
Finlande, i. d' Kilomètre.
Firfol, i. d' Conquérant.
Forgeron, i. d' Noville.
Fontarabie, i. d' Conquérant.
Fortunio, i. de Petite-Merveille.
Fontfrin, i. de Rognena II.
Franc-Comtois, i. de Derskaya.
Francillon, i. de Kassatka.
Franco-Orloff, i. de Revanche.
Inkermann, i. d' Lanes.
Jarretière (5), i. de Rurale.
Jessie, i. d' Tamberlick (p. s.).
Kasan, i. de Tigritza.
Kremlin, i. de Zavidnaya.
L'Alma, i. de Lookaja.
La Métisse, i. d' J'y-Songerai.
La Moscova, i. de Litaya.
La Néva, i. d' Centaure.
Lavandière, i. d' Conquérant.
Léa, i. de Krilataya.
Lébedka.
E Le Cher (6), i. de Litaya.
Mlle Popoff, i. d' Noville.
Malakoff, i. de Tigridza.
Matipha, i. d' Noville.
Miss-Popoff, i. d' Buci.
Moscou, i. d' j. normande.
Moskova, i. de Litaya.
Odessa, i. de Atlasnaya.
Omega, i. de Rognena II.
Pélagie II, i. d' Impérial.
Pétroff, i. d' Pasitano.
Polkantscha, i. de Kassatka.
Polkénnikoff (7), i. de Molva.
Priesta III, i. de Priesta.
Ratazi, i. de Revanche.
Sébastopol, i. de Kassatka.
Trompe-la-Mort.
Vichy, i. d' Polkan II.
Volga II, i. de Lvitza.
Vosgien, i. de Kassatka.
Wodka, i. de Derskaya.

---

(1) Brigadier, N., 1887, gagnant de 5,005 fr. — R. 1' 46".
(2) Emidoff, N., 1882, gagnant à 3 et 4 ans de 15,930 fr. — R. 1' 48".
(3) Emporte-Pièce, N., 1882, gagnant à 3 et 4 ans de 6,120 fr. — R. 1' 39".
(4) Etoile-Filante, G., 1882, gagnante à 3 et 4 ans de 12,227 fr. — R. 1' 42", v. p. 114.
(5) Jarretière, N., 1887, gagnante à 3, 4, 5 et 6 ans de 7,015 fr. — R. 1' 46".
(6) Le Cher, G., 1885, gagnant à 3 et 4 ans de 4,430 fr. — R. 1' 48".
(7) Polkénnikoff, G., 1885, gagnant à 3 et 4 ans de 14,473 fr. — R. 1' 45".

QUINOLA. A. — 1.60. — 1872. HN.

Conquérant	Kapirat	Voltaire	Impérieux.
			La Pilot.
		N.	The Juggler.
			N. par Y. Topper.
	Élisa	Corsair	Knox's Corsair.
			N. par Cleveland.
		Elise	Marcellus.
			La Panachée.
Fridoline (1)	Schamyl	Rough-Robin	Sober-Robin.
			Langton-Mare.
		Kate-Kearney	Napoléon.
			Sir Walter-Mare.
	Marquise	Phœnomenon.	
		Anglaise.	

Né chez M. Lefebvre-Montfort, à Saint-Julien-de-Calonne (Calvados).

1875 a gagné (2).	9,800 fr.	17,800 fr.
—76 —	8,000	

Vitesse 1875, Caen, 1' 45".
— — 76, Le Pin, 1' 47".

Acheté à M. Lefebvre-Montfort.

Pont-l'Évêque : 1877-81. Saint-Lô : 1882-84.

SOMMES GAGNÉES PAR SES PRODUITS :

1881	1,560 fr.	1885	fr.
—82	350	—86	12,224
—83	2,200	—87	9,700
—84	953	—88	800

(1) Fridoline, mère de Quinola, grand'mère d'Arcole et d'Aramis, est citée au livre des courses de M. Ch. du Hays ; elle était contemporaine de Miss-Pierce, d'Espérance et d'Yelva ; sa carrière de courses de 1860 à 1863 fut des plus honorables. — R. au Pin 1' 45" sur 4000 mètres.

(2) Quinola a gagné : en 1875 le Derby de Rouen, 4000 mètres en 7'31, soit le kilomètre en 1' 52" 3/4 ; en 1876 l'épreuve d'étalons au Pin.

Productions de QUINOLA :

Actéon, i. d' j. de p. s.
Agathe, i. d' Affidavit (p. s.).
Apanage, i. d' Lavater.
E Arcole, i. d' Ipsilanty, v. p. 20.
Arpenteur, i. d' Gaulois.
Baronnet, i. d' Matchless.
Bavolette, i. d' Lavater.
Baya, i. d' Coleraine.
Brigadier, i. d' Quatrevaux.
E Cabel (1) ex Candidat, i. d' Noville.
Constantin, i. d' Lavater.
Coudray, i. d' Ipsilanty.
Démocrate, i. d' Noville.
Doublon, i. d' Ipsilanty, v. p. 20.
E Duquesne, i. d' Noville.
Epicurien, i. de Fanfare (p. s.).
Esculape, i. d' Noville.
Espérance, i. d' Nassim.
Espérance II (2), i. d' Hussein.
Fadese.
Farceur, i. d' Orphée.
Farnèse, i. d' Orphée.
Fleur-de-Mars, i. d' Jackson.
Forget-me-Not, i. d' Noville.
E Fridolin III, i. d' Ugolin.
Galant.
Haydée, i. d' Noville.
Héloïse, i. d' J'y-Songerai.
Héron, i. d' Brodick.
Jolivette, i. d' Lavater.
Julie, i. d' Volte-Face.
Lisette, i. d' Gaulois.
Lisette, i. d' Macouba.
Lisette, i. d' Volte-Face.
Mlle du Val-Raimbert.
Sultane, i. de Fleur-de-Mai.

---

(1) Cabel, A., 1880, gagnant à 3 ans de 2,200 fr. — R. 1' 54", E. à Saintes, de 1884 à 1890.
(2) Espérance II, B., 1883, gagnante à 3 et 4 ans de 18,274 fr. — R. 1' 40".

QUI-VIVE! B. — 1.59. — 1872. HN.

Affidavit	Javelot	Gladiator	Partisan.
			Pauline, par Moses.
		Rhinoplastie	Royal-Oak.
			Noema par Rowlstone.
	Dahlia	Caravan ou Nuncio.	
		La Californie	Y. Emilius.
			Ménalippe.
N.	Esculape	Utrecht	Prince.
			Vendetta, par Eylau.
		Ordillia	Kœnisberg.
			N. par Glocester.
	N.	Baryton	Ottoman.
			N. par Voltaire.
		N.	Biron.

Né chez M. Angé, à Beuvron (Calvados).

1875 a gagné	4,700 fr.	24,200 fr.
—76 —	19,500	

Vitesse 1875, Le Pin, 1′ 49″.
— —76, Caen, 1′ 46″.

Acheté à M. de Basly . . . . 12,000 fr.

Saint-Lô : 1876-91.

SOMMES GAGNÉES PAR SES PRODUITS :

1881	1,750 fr.	1885	6,187 fr.
—82	9,210	— 86	3,100
—83	2,875	— 87	
— 84	4,490	— 88	150

1889 . . . . . 1,618 fr.

Productions de QUI-VIVE !

Annibal, i. d' J'y-Songerai.
Baltique, i. de Costebelle.
Bambin, i. d' Ugolin.
E Banco, i. d' Sir Edwin-Landsyer.
Bernique (1), i. d' j. Normande.
Bosbok, i. d' Lagopède.
Cerf-Volant, i. d' Noirmont.
Charlotte, i. d' Sir-Edwin-Landsyer.
Clin-d'Œil, i. d' Noirmont.
Coquette, i. d' Macouba.
Coquette, i. d' Récif.
Creteville, i. d' J'y-Songerai.
Cupidon, i. d' Conquérant.
Cupidon, i. d' J'y-Songerai.
Dame-de-Pique (2), i. d' Conquérant.
Dante, i. d' J'y-Songerai.
Danton, i. d' Ugolin.
Double-Blanc, i. d' Pater.
Doyen, i. d' Kabin.
Eaque, i. d' J'y-Songerai.
Equateur, i. d' Sidi.
Escapade, i. d' Eylau (p. s.).
Evangeline, i. d' J'y-Songerai.
Evénement, i. d' Succès.
Faucheuse, i. d' The Heir-of-Linne (p. s.).
Feuille-de-Rose (3), i. d' Noirmont.
Fileuse, i. d' The Heir-of-Linne (p. s.).
E Fitz-Qui-Vive, i. d' Lavater.
Grevin, i. d' Crocus.
Harmonie.
Italien, i. d' Shamrock.
Jasmin, i. d' Shamrock.
Kanikov, i. d' Pradier.
La Foudre, i. d' J'y-Songerai.
Loïse (4), i. d' Conquérant.
Marinette, i. d' Lavater.
Minerve, i. d' Roustan.
Pandore, i. d' Noirmont.
Peau-d'Ane, i. d' J'y-Songerai.
Persévérante, i. d' Trajan.
Plaisante.
Polissonne, i. d' J'y-Songerai.
Polka, i. d' Pradier.
Qui-Vive, i. d' J'y-Songerai.
Rosette, i. d' Nagel.
Sans-Gêne, i. d' Hunter.
Vigilant, i. d' Récif.

---

(1) Bernique, B., 1879, gagnante à 3 ans de 3,600 fr. — R. 1' 47".
(2) Dame-de-Pique, mère de Lance-à-Mort, v. p. 119.
(3) Feuille-de-Rose, B., 1882, gagnante à 3 ans de 4,137 fr. — R. 1' 48".
(4) Loïse, B., 1882, issue de Pervenche, par Conquérant, gagnante à 3 et 4 ans de 3,300 fr. — R. 1' 46".

QUI-VIVE! Bb. — 1,63. — 1887 (approuvé). M. Lemonnier.

Tigris	Lavater	Y. ou Crocus.	
		Candelaria	anglaise.
	Modestie	The Heir-of-Linne	Galaor.
			Mrs Walker.
		Négresse	Ugolin.
			N. par Lahore.
Suzon (1)	Phaëton	The Heir-of-Linne	Galaor.
			Mrs Valker.
		La Crocus	Crocus.
			Élisa.
	Lisette (2)	Séducteur	Noteur.
			N. par Fatibello.
		Alma	Jériko.
			N. par Paradox.

Né chez M. Lecomte, à Montigny (Sarthe).

1890 a gagné. . . . . . . 45,775 fr. en six courses.

Vitesse 1890, Levallois, 1' 37".

— — Vincennes, 1' 40".

Haras de Goustranville : 1891.

SOMMES GAGNÉES PAR SES PRODUITS :

1895 . . . . 15,990 fr.

---

(1) Suzon, B., 1879, gagnante à 3 et 4 ans de 1,405 fr. — R. 1' 47", a produit :
1885 Obéron par Rivoli, gagnant à 3 et 4 ans de 9,706 fr. — R. 1' 40" (Amérique).
—86 Pastille, par Rivoli, gagnante à 3 ans de 62,015 fr. — R. 1' 35" (mère d'Izard, par Valencourt).
—87 Qui-Vive.
—90 Tirelire, par Edimbourg.
—95 Lagardère, par Valencourt ou Aramis.

(2) Lisette, B., 1871, a produit :
1879 Suzon.
—84 Gambade, par Quiclet.
— Mandarine, par Edimbourg

Productions de QUI-VIVE !

France, i. d' Tigris.
Ibis, i. d' Hippomène.
Idylle, i. d' Valencourt.
Image, i. d' Phaëton.
Isis, i. d' Phaëton.
Islande, i. de Lisbeth (p. s.).
E Isly, i. d' Phaëton.
Ivette, i. d' Salvator ou Mourle (p.s.).
Jackson, i. d' Cherbourg.
Jadis, i. d' Phaëton.
Jalon, i. d' Hippomène.
Jarnac, i. d' Niger.
Jouvencelle, i. d' Valencourt.
Judith, i. d' Phaëton.
Kalouga, i. d' Valencourt.
Kamiesch, i. d' Cherbourg.
Kara, i. d' Niger.
Kellerman, i. de Bayadère.
Musette, i. d' Valencourt.
Nicotine, i. d' Valencourt.
Obus, i. d' Kairouan.
Océan, i. d' Niger.
Odile, i. d' Qui-Vive.
Olmutz, i. d' Qui-Vive.
Olympe, i. de Langrune (p. s.).
Ombrage, i. d' Lavater.
Omelette, i. de Joyeuse.
Omnipotent (1), i. d' Conquérant.
Oncques-Mieux, i. d' Phaëton.
Onyx, i. d' Irlande.
Optima, i. de Violette (p. s.).
Orchidée, i. d' Conquérant.
Orival, i. d' Noville.
Orléans (2), i. de Houri.
Orphelin, i. d' Eclaireur.
Ouragan, i. d' Tigris.
Pallas, i. d' Phaëton.
Paltoquet, i. d' Elan.
Pamphile, i. d' Libérator.
Paola, i. d' Serviteur.
Partida, i. d' Phaëton.
Pastille, i. d' Normand.
Patriote, i. d' Acquila.
Paulette, i. d' Valencourt.
Péronelle, i. d' Vitrier.
Petite-Mère, i. de Paysanne.
Phébus, i. d' Lavater.
Phénomène, i. de Dulcinée.
Phyrus, i. d' Phaëton.
Picciola, i. d' Reynolds.
Pipe-en-Bois, i. d' Rivoli.
Plume-de-Paon, i. d' Normand.
Pont-l'Evêque, i. de Fraicheur (p. s.).
Porte-Haut, i. d' Domino-Noir.
Prenez-Garde, i. d' Acquila.
Prœdilecta, i. d' Phaëton.
Prophète, i. d' Valdempierre.
Quand-Même, i. d' Reynolds.
Quasimodo, i. d' Conquérant.
Quatre-à-Quatre, i. d' Domino-Noir.
Quatrine, i. d' Normand.
Quenelle, i. de Trotte-Fort.
Quenny, i. de Revanche.
Quenouille, i. de Soyeuse.
Questeur, i. d' Hippomène.
Quibus, i. d' Etendart ou Acquila.
Quillebœuf, i. d' Rivoli.
Quinzaine, i. de Langrune (p. s.)
Quirinal, i. d' Valencourt.
Quita, i. d' Quiclet.
Quolibet, i. d' Phaëton.
Ridley, i. d' Reynolds.
Robertson, i. d' Reynolds.

---

(1) Omnipotent, B., 1892, gagnant à 3 ans de 4,457 fr. — R. 1' 48".
(2) Orléans, Bb., 1892, gagnant à 3 ans de 7,218 fr. — R. 1' 43".

REYNOLDS. A. — 1,56. — 1873. HN.

Conquérant . . .	Kapirat	Voltaire	Impérieux par Y. Rattler.
			La Pilot.
		N.	The Juggler.
			N. par Y. Topper.
	Elisa	Corsair	Knox's Corsair.
			N. par Cleveland.
		Elise	Marcellus.
			La Panachée.
Miss-Pierce (1).	Succès	Telegraph	Old-Phœnomenon.
			N. par Old-Gamby.
		N.	The Juggler.
			N. par Y. Topper.
	Lady-Pierce	Américaine	

Né chez M. Douesnel, à Mondeville, près Caen (Calvados).
1876 a gagné . . . . 600 fr.
Vitesse 1876, Caen, 1'56".
Acheté à M. Douesnel . . . 7,000 fr.
La Roche-sur-Yon : 1877-79.
Saint-Lô : 1880.

Sommes gagnées par ses produits :

1884	15,163 fr.	1890	50,756 fr.
—85	12,450	—91	23,985
—86	8,500	—92	13,715
—87	24,780	—93	28,735
—88	63,085	—94	26,396
—89	31,586	—95	15,993

(1) Miss-Pierce, A., 1857, gagnante de nombreuses courses au trot de 1860 à 1863, a produit :
1871 Noimont, par T. N. Phœnomenon. E. approuvé a fait la monte en Normandie de 1873 à 1886.
—72 Quinddany, par The Heir-of-Linne (p. s). E. à Lamballe de 1876 à 1885.
—73 Reynolds.
—75 Taillebourg, par Conquérant, gagnant à 4 ans de 825 fr. — R. 1' 46".
—76 Uriel. par Conquérant, v. p. 199.
—79 Airelle, par T. N. Phœnomenon.
—83 Finance, par Niger, mère de Nostradamus, v. p. 147.

Productions de REYNOLDS :

Acacia, i. d' Lavater, v. p. 75.
Auréole, i. de Faugh-a-Ballagh.
Cascade, i. d' Orphée.
Charlotte, i. d' Sidi (p. s.).
Chimère, i. d' Lavater.
Entreprise, i. d' Orphée.
E Descartes, i. d' Pretty-Boy (p. s.).
Diogène, i. d' Y.
Diplomate, i. d' Lavater.
Disciple, i. d' Y-Songerai.
Dogre, i. d' Noville.
Endymion, i. d' Ugolin.
Energique, i. d' Orphée.
Espoir, i. d' Lavater.
Feuille-de-Lierre (2), i. d' The Heir-of-Linne (p. s.).
Figaro IV (1), i. d' Y.
E Fitz-Reynolds, i. d' Hussein.
Fleur-de-Mai, i. d' Orphée.
Frimousse, i. d' Lavater.
E Fuschia, i. d' Lavater, v. p. 75.
Géranium, i. d' Lavater, v. p. 75.
E Germinal, i. d' Quotient.
E Géronte (2), i. d' The Heir-of-Linne (p. s.).
Goldruner, i. d' Orphée.
E Goupillières, i. d' Lavater.
Hachette, i. d' Rigolo.
Hémine (2), i. d' The Heir-of-Linne (p. s.).
Hyphase, i, d' Lavater.
Indigo, i. d' Lavater.
Infidèle, i. d' Lavater.
E Intime, i. d' Agenda.
E Intrépide, i. d' Ugolin.
Irlande, i. d' Lavater.
Isère (2), i. d' The Heir-of-Linne (p. s.).
Iurna, i. d' Phosphore.
Iurna, i. d' J'y-Songerai
Jachère (2), i. d' The Heir-of-Linne (p. s.).
Javeline, i, d' Domino-Noir.
Jeudi, i. d' Quiclet.
Jongleur, i. d' Niger.
Jouvence, i. d' Sobriquet.
Jovial, i. d' J'y-Songerai.
E Jupiter III, i. d' Lavater.
Jurande, i. d' Lavater.
Kakatois, i. d' Lavater.
La Demoiselle, i. d' Lavater.
Lama, i. d' Upas.
Latone, i. d' Lavater.
Levrette, i. d' Lavater.
Lièvre (3), i. d' Lavater.
E Louis-d'Or, i. d' J'y-Songerai.
Lumière, i. d' Lavater.
Macrin, i. d' Lavater.
Mlle d' Epinay, i. d' Lavater.
E Madrigal (4), i. d' Tigris.
Magellan, i. d' Lavater.
E Mandarin, i. d' The Heir-of-Linne, v. p. 224.
Marjolaine, i. d' Lavater.
Marabout, i. d' Lavater.
Mary-Jane, i. d' Lavater, v. p. 223.
Matinale, i. d' Lavater.
Maxime, i. d' Lavater.
Médoc, i. d' Lavater.
Mercure, i. d' Lavater.
Mexico, i. d' Lavater.
Mineur, i. d' Lavater.
Minuit, i. d' Lavater.

(1) Figaro IV, B., 1883, gagnant à 3 et 4 ans de 7,210 fr. — R. 1' 33".
(2) Pour Feuille-de-Lierre, Géronte, Hemine, Isère, Jachère, voir la production de Modestie, page 191.
(3) Lièvre, A., 1889, gagnant à 3, 4, 5 et 6 ans de 47,355 fr. — R. 1' 34".
(4) Madrigal, A., 1890, gagnant à 3 et 4 ans de 3,180 fr. — R. 1' 42", HN. Perpignan.

Productions de REYNOLDS :

Mirabeau, i. d' Lavater.
E Mistral, i. d' Lavater.
Miss-Pierce, i. d' Hunter.
Mogador, i. d' Upas.
Nadir, i. d' Noville,
Nakaïra, i. d' The Heir-of-Linne (p. s.), v. p. 224.
Narva, i. d' Tigris.
Nelson, i. d' Lavater.
Ney, i. d' Lavater.
Norma, i. d' Domino-Noir.
Normand, i. d' Lavater.
Nicanor, i. d' The Heir-of-Linne (p. s.).
Nic-Nac, i. d' Lavater, v. p. 226.
E Nicolet (1), i. d' Lavater.
Nubienne, i. d' Lavater.
Occasion, i. d' The Heir-of-Linne (p. s.).
Œdipe, i. d' Upas.
E Omer-Pacha, i. d' The Heir-of-Linne (p. s.), v. p. 224.
Oreste, i. d' Lavater.
E Orion, i. d' Lavater.
Oseille, i. d' Lavater, v. p. 223.
Oublié, i. d' J'y-Songerai.
Ouvrier, i. d' Lavater.
Passe-Rose, i. d' Utile-à-Tout.
Philéas, i. d' Lavater, v. p. 223.
Pie-Voleuse, i. d' Lavater, v.p. 224.
Pirouette, i. d' Lavater, v. p. 226.
Praline, i. d' The Heir-of-Linne (p. s.).
Quadrille, i. d' Lavater.
Querien, i. d' Lavater.
Questeur, i. d' Tigris.
Quillota, i. d' Lavater, v. p. 223.
Quoique, i. d' Domino-Noir.
Redoute, i. d' Lavater.
Romance, i. d' Lavater, v. p. 223.
Sans-Vergogne (2), i. d' Lavater.
Source, i. d' Lavater.
Vaveline, i. d' Domino-Noir.
Vigilante, i. d' Lavater.
Voltige, i. d' Volant.

---

(1) Nicolet B., 1891, gagnant à 3 ans de 6,041 fr. — R. 1' 43". Acheté à M. de Basly, 11,000 fr., D. de Saintes.

(2) Sans-Vergogne, B., 1881, gagnante à 3 et 4 ans de 20,340 fr. — R. 1' 39". — Irlande et Latone sont les propres sœurs de Sans-Vergogne.

RIVOLI. B. — 1.59. — 1873 (approuvé). M. Lemonnier.

Conquérant. . .	Kapirat	Voltaire.	Impérieux. La Pilot.
		N.	The Juggler. N. par Y. Topper.
	Élisa	Corsair	Knox's Corsair. N. par Cleveland.
		Élise	Marcellus. La Panachée.
N (1).	Coleraine	Coleraine	1/2 s. anglais.
		anglaise.	

Né chez M. S Pitrais, à Pont-l'Évêque (Calvados).

1876 a gagné.		5,840 fr.	43,180 fr.
—77	—	12,530	
—78	—	9,000	
—79	—	4,500	
—80	—	11,310	

Vitesse 1878, Paris, 1' 46", sur 6,000 mètres.
— —80, Vincennes, 1' 45", sur 5,000 mètres.

Haras de Goustranville : 1881-86.

Sommes gagnées par ses produits :

1885	7,158 fr.	1888.	9,826 fr.
—86	16,275	—89.	69,115
—87	22,247	—90.	8,057

1891. . . . . 1,500 fr.

---

(1) N., était fille de Coleraine ou de Merlerault.

Productions de RIVOLI :

Aboukir, i. d' The Heir-of-Linne (p.s.).
Adonis, i. de Gabarre (p. s.).
Amaranthe, i. d' Lozenge (p. s.).
Anémone (1), i. de Diane (p. s.).
Auréole, i. de Miss-Bird (p. s.).
Aurore, i. de Sister.
Austerlitz, i. d' Marx.
Balzan, i. de Décidée.
Banco, i. de Diane (p. s.).
Bayard, i. d' The Heir-of-Linne.
Bérangère, i. de Célimène.
Bichette, i. de Cocotte.
Brigandine, i. de Gabarre (p. s.).
Caen, i. d' Hippomène.
Candidat, i. d' Hippomène.
Calypso, i. d' Hunter.
Cendrillon, i. d' Drummond (p. s.).
Champagne II, i. d' Lavater, v. p. 110.
Champagne III, i. d' Lavater, v. p. 110.
Chevrette, i. de l'Amie.
Cœur-de-Lion, i. de Biche.
Colibri, i. de Biche.
Courtisane, i. d' The Heir-of-Linne (p. s.).
Délurée, i. d' The Heir-of-Linne (p. s.).
Desaix, i. d' Niger.
E Eclipse, i. d' Niger (app.).
Ecureuil, i. d' The Heir-of-Linne (p. s.).
Eglantine, i. de Victoire (p. s.).
Emeraude, i. de Sister (p. s.).
E Emigré, i. d' Nomen.
Emoustillée, i. d' Montfort (p. s.).
E Esope, i. d' Niger.
Esther (2), i. de Royal-Topaze (p. s.).
Estimé, i. de Lady-Stanhope.
E Etudiant, i. d' Y.
E Exotique, i. d' Normand.
Eylau, i. de Miss-Lucy.
Fabiola, i. d' Marx.
E Facteur, i. d' Drummond (p. s.).
Farfadette, i. d' Y.
Faribole, i. de l'Amie.
Fatinitza, i. d' T. N Phœnomenon, v. p. 42.
Fatma, i. de Sister.
Faucon, i. de The Gloaming (p. s.).
Faust (3), i. d' Lionceau.
Fétiche, i. d' Normand.
Fleurette, i. d' Ruy-Blas (p. s.).
Fleurus, i. de Kœnilworth (p. s.).
Florin, i. d' Kilomètre.
E Fontenoy, i. de My-Lucy.
E Forbach, i. de Gabarre (p. s.).
Fortunio, i. d' Montfort (p. s.).
Fribourg, i. d' The Heir-of-Linne (p. s.).
Friedland, i. d' Drummond (p. s.).
E Gagneur (4), i. d' Soldat.
E Gallus, i. d' Ipsilanty, v. p. 20.
Gardaru, i. d' Y.
Garnissaire, i. d' Elu.
Gavroche, i. d' Séducteur.
E Géraudel, i. d' Normand.
Germaine, i. d' Phaëton.

---

(1) Anémone, B., 1884, gagnante à 3 et 4 ans de 11,325 fr. — R. 1' 40.
(2) Esther, B., 1882, gagnante à 3 et 4 ans de 11,930 fr. — R. 1' 41".
(3) Faust, B., 1883, gagnant à 3 et 4 ans de 26,020 fr. — R. 1' 38" (Amérique).
(4) Gagneur est par Rivoli ou Hippomène.

Productions de RIVOLI :

Girofla, i. d' Enragé.
Giselle, i. d' Montfort (p. s.).
Goëlan, i. d' Black-Jack.
Gravette, i. d' Nomen.
Haïdée, i. d' Libérator.
Havane, i. d' Niger.
E Herculas, i. d' Nomen.
E Hermes, i. d' Normand.
Héroïne II, i. d' Normand.
E Héron, i. d' Licteur.
Hoche, i. d' Y.
Illustre, i. d' Y.
Iris, i. d' Noville, v. p. 106.
Ismaël-Junior, i. de Escapade (p. s.)
E Jarnidieu, i. d' Y.
Léa, i. de Polka.
Mlle de Lassey.
Mlle de Sainte-Opportune, i. d' T.N.
Phœnomenon, v. p. 42.
Obéron (1), i. d' Phaëton, v. p. 171.
Obole, i. d' Noville.
Orion, i. d' Ipsilanty, v. p. 20.
Passe-Rose, i. d' Biche.
Pastille (1), i. d' Phaëton, v. p. 171.
Queen, i. d' Noville (p. s.), v. p. 106.
Rivole, i. d' Normand.
Sarah, i. de Ida.

---

(1) Obéron et Pastille sont issus de la mère de Qui-Vive ! v. p. 171.

SERPOLET-BAI. Bb. — 1.57. — 1874. HN.

Normand	Divus	Québec	Ganymède. N. par Voltaire.
		N.	Electrique.
	Balsamine	Kapirat	Voltaire. N. par The-Juggler.
		La Débardeur	Débardeur.
Margot	Dorus	Y. Rattler	Rattler p. Old-Rattler. Snap-Mare.
		N.	Prosélyte.
	N.	Introuvable	Carignan. N. par Ganymède.
		N.	Royal-George.

Né chez M. C. Hervieu, à Petitville près Varaville (Calvados).

1877 a gagné. . . . . 7,625 fr.

Vitesse 1877, Caen, 1' 45".
— Le Pin, 1' 48".

Acheté à M. C. Hervieu. . . . . . 9,000 fr.

Le Pin : 1878-82.

SOMMES GAGNÉES PAR SES PRODUITS :

1883	10,300 fr.	1889	6,215 fr.
—84	35,680	—90	2,600
—85	67,105	—91	4,500
—86	34,401	—92	9,060
—87	7,650	—93	4,600
—88	2,300	—94	5,590

(1) Margot a produit:
Petite-de-Mer, par Usager, v. p. 29 et 86.
Modestie, par Ignace, mère de l'étalon Va-Tout, par Normand, E. à Saint-Lô, 1881-83.
Futina, par Ignace.
1874 Serpolet-Bai.

Productions de SERPOLET-BAI :

E Beaugency, i. d' Gaulois.
E Beaujeu, i. d' Fitz-Pantaloon, v. p. 205.
Bon-Espoir, i. d' Abrantès.
E Calchas ex Charlatan, i. de Cigarette.
Camélia, i. d'Y-Volunter.
E Camouflet, i. d' Destin.
Capitaine, i. d' Clair-de-Lune.
Cascade (1), i. d' Séducteur.
Cérès, i. d' Marx, v. p. 100.
César (2), i. d' Kilomètre.
E Courtisan, i. d' Trouville (p. s.).
Dancourt, i. d' Condé, v. p. 60.
Davis, i. d' Serenader.
Débutant, i. d' Morgan.
E Défenseur, i. d' Marx, v. p. 100.
Dictateur, i. d' Joyeux.
E Diptère, i. d' Elu.
Divan, i. d' Abrantès.
Divin, i. d' Solide.
Dwina (3), i. d' Kaolin.
E Eclaireur, i. d' Phaëton.
Ectot, i. d' j. de p. s.
Ecusson, i. d' Niger ou Hannon.
E Edimbourg, i. d' Abrantès, v. p. 57.
Eglantine, i. d' Condé.
E Eibac, i. d' Séducteur.
E Elan, i, d' Condé, v. p. 60.
Electeur, i. d' Phaëton.
Elise, i. d' T.-N. Phœnomenon, v. p. 83.
Eperlan, i. d' Marx, v. p. 100.
Epine-Noire, i. d' Koping ou Abrantès.
E Equateur, i. d' Elu.
Fable, i. d' Saint-Rigomer.
E Fan-Fan, i. d' Quiclet.
Fanfaron, i, d' Serenader.
Fantassin, i. d' Hannon.
Farceur, i. d' Niger.
Fatma, i. d' Elu, v. p. 152.
Faustine (4), i. d' Kaolin (p. s.).
Fauvette, i. d' Koping.
Fil-d'Acier (5), i. d' Phaëton.
Filou, i. d' Abrantès.
Fleur-d'Epine, i. d' Abrantès.
Florentine, i. d' Utrecht.
Florinde, i. d' Vladimir.
Fontenay, i. d' Quiclet.
Franc-Tireur, i. d' T.-N. Phœnomenon, v. p. 83.
Frétillon, i. d' Elu.
Hébé, i. d' Y.
Hoqueton, i. d' Niger.
Irène, i. de Royauté (p. s.).
La Pie, i. d' T.-N. Phœnomenon.
Lutine, i. d' Koping ou Abrantès.
Minerve, i. d' Elu.
Normande, i. d' Elu.
Serpolette, i. d' Normand.
Serpolette, i. d' T.-N. Phœnomenon.
Serpolette II (6), i. d' Kilomètre.
Voyageuse, i. d' Phaëton.

(1) Cascade, B., 1880, gagnante à 3, 4 et 5 ans de 11,990 fr. — R. 1' 40".
(2) César, B., 1880, gagnant à 3 et 4 ans de 5,060 fr. — R. 1' 42".
(3) Dwina, Bd., 1881, gagnante à 3 ans de 9,155 fr. — R. 1' 43".
(4) Faustine, B., 1883, gagnante à 3 et 4 ans de 11,960 fr. — R. 1' 39".
(5) Fil-d'Acier, B., 1883, gagnant de 29,745 fr. — R. 1' 37".
(6) Serpolette II, N., 1881, a produit Napoléon par Phaëton, v. p. 136.

SERPOLET-ROUAN. R. — 1.60. — 1874. HN.

Conquérant. .	Kapirat.	Voltaire.	Impérieux. La Pilot par Pilot.
		N.	The Juggler. N. par Y. Topper.
	Élisa	Corsair.	Knox's Corsair. N. par Cleveland.
		Élise	Marcellus. La Panachée.
La Mère (1) . .	Confidence	Voltaire	Impérieux. La Pilot par Pilot.
		Cybèle	Royal. Victoria par Jaggar.
	N.	irlandaise.	

Né chez M. Saint-Ouen, à Saint-André-sur-Cailly (Seine-Inférieure).

1877 a gagné. . . . . 8,400 fr.
—78 — . . . . . . 9,635 } 18,035 fr.

Vitesse 1877, Caen, 1′ 44″.
— —78, Le Neubourg, 1′ 48″.

Acheté à M. Saint-Ouen. . . . . 10,000 fr.

Le Pin : 1879.

SOMMES GAGNÉES PAR SES PRODUITS :

1883	10,200 fr.	1889	21,280 fr.
—84	28.366	—90	33,408
—85	34,480	—91	37.709
—86	4,200	—92	23,205
—87	7,000	—93	37,801
—88	7,775	—94	22,443

1895. . . . . . 24,898 fr.

---

(1) La-Mère a produit :

1867 Métella, par Bayard, gagnante à 3, 4, 5 et 6 ans de 15,225 fr.
—71 Patriote, par Bayard, gagnant à 3 et 4 ans de 1,895 fr., E. approuvé.
—74 Serpolet-Rouan.
—76 Kina, par Bayard, gagnante à 3 et 4 ans de 1,400 fr., mère de l'E. app. Dictateur, par Seul.

Productions de SERPOLET-ROUAN :

Acteur, i. d' Seul.
Actrice, i. de Rigolette.
Ardente, i. d' Phœnomenon.
Baladin (1), i. de Toujours-Prête.
Buffalo, i. de Frisette.
Caligula, i. d' Compagnon.
E César, i. d' Libérator, v. p. 27.
Consuela, i. d' Y. Quick-Silver.
Dragonne, i. d' Bayard.
Duc (2), i. d' J'y-Songerai.
Duchesse, i. de Violette.
Ecorce, i. de Orpheline.
Edith, i. d' Montfort (p. s.).
Egide, i. d' j. hollandaise.
E Ego (3), i. d' Agricole (app.).
· Franc, i. d' Conquérant.
Fatou-Gay, i. de Confidence (p. s.).
Grenadier, i. de La Fère.
Hermine.
Héron, i. d' Estafette.
E Hiatus, i. d' Seul.
E Idéal, i. d' Recteur.
Idem, i. d' J'y-Songerai.
Ignore, i. d' Y. Quick-Silver.
Iris, i. d' Y. Quick-Silver.
Isard, i. de La Bresle.
Isaure (4), i. d' Quick-Silver.
Islande, i. d' Oriflamme.
Ivan, i. de Guillemette.
Jeannine, i. d' Le Veinard (p. s.).
Je t'Ecoute, i. de Hébé.
E Jeune-Toujours, i. d' Plutus (p. s.), v. p. 104.
Jouteur, i. d' Noville.
Judith V, i. d' Lavater.
Kasba, i. de Margot (p. s.).
Karoub (5), i. d' Le Veinard (p. s.).
Kermesse, i. d' Rémouleur.
Khaled, i. de Cypria.
Kioup, i. d' Domaschny.
Kiss-me-Quick, i. de Glimpsée.
La Bastille, i. de Mlle Luvatine.
Laïs, i. d' Rémouleur.
Leste (6), i. d' Le Veinard (p. s.).
Lœtitia, i. d' Bayard.
Lola, i. d' Domaschny.
Lubin, (7), i. d' Bayard.
Lutte, i. d' Bayard.
Mlle de Longhuit (8), i. d' Y. Quick-Silver.
Mlle du Mesnil (9), i. d' Trumpeter.
Magie, i. d' Phaëton.
Maronnaise, i. d' Le Veinard (p. s.).
Marquis (10), i. de Marquise.
Metella, i. d' Y. Quick-Silver.
Midi, i. d' Bayard.
Milord, i. de Biche.
Monaco, i. de Ninon.
Monitor (11), i. de Cypria.
Mont-Mireil, i. d' Gall.
Muscade, i. d' Sir-Quid-Pigtail (p. s.).

---

(1) Baladin, R., 1886, gagnant de 9,856 fr. — R. 1' 38".
(2) Duc, R., 1881, gagnant à 3 et 4 ans de 16,130 fr. — R. 1' 44" au Pin.
(3) Ego, R., 1882, gagnant à 3 et 4 ans de 7,740 fr. — R. 1' 44".
(4) Isaure, R., 1886, gagnante de 13,140 fr. — R. 1' 42".
(5) Karoub, R., 1888, gagnant à 3, 4 et 5 ans de 6,230 fr. — R. 1' 41".
(6) Leste, B., 1889, gagnante à 3 et 4 ans de 9,160 fr. — R. 1' 39".
(7) Lubin, B., 1889, gagnante à 3, 4, 5 et 6 ans de 12,406 fr. — R. 1' 38".
(8) Mlle de Longhuit, R., 1881, gagnante de 23,000 fr. — R. 1' 37".
(9) Mlle du Mesnil, A., 1890, gagnante à 3 ans de 6,418 fr. — R. 1' 43".
(10) Marquis, R., 1890, gagnant à 3, 4 et 5 ans de 9,092 fr. — R. 1' 42".
(11) Monitor, B., 1890, gagnant à 3, 4 et 5 ans de 5,620 fr. — R. 1' 41".

Productions de SERPOLET-ROUAN:

Nébuleuse, i. d' Sir-Quid-Pigtail (p. s.).
Nelly, i. d' Nampont.
Nénuphar, i. de Tribune.
Neustrienne, i. d' Bayard.
Niobé, i. de Orpheline.
Noces-d'Or, i. de Navarine.
Nonante, i. d' Ventre-Saint-Gris.
Norma, i. d' Zamor.
Notre-Cœur, i. d' Réveillon.
Nouveau-Toujours, i. d' Plutus, v. p. 104.
Numa, i. d' Bayard.
Odi, i. de Tribune (p. s.).
Olifant, i. de Fanchette (p. s.).
Omar, i. d' Alpha.
Oréade, i. de Orpheline.
Orgeat, i. d' Mardochée.
Orloff, i. d' Bayard.
Othello, i. d' Roi-de-la-Montagne.
Papillon, i. d' The Heir-of-Linne (p. s.).
Rêveuse, i. d' Oriental.
Roméo, i. d' Gall.
Serpolet (1), i. de Guillemette.
Serpolette, i. de Zamor.
Serpolette, i. d' Hunter.
Serpolette III, i. d' Piqu'Hardy.
Souvenir, i. d' Orloff.
Volontaire, i. d' Bucéphale.
Zéphir, i. d' Eclaireur.

---

(1) Serpolet, R., 1885, gagnant à 3, 4 et 5 ans de 10,248 fr. — R. 1'43".

SERVITEUR. Bb. — 1.61. — 1874 (approuvé). M. Merlin.

Y. Quick-Silver ou Normand . . .	Divus	Québec	Ganymède. N. par Voltaire.
		N.	Electrique.
	Balsamine	Kapirat	Voltaire. N. par The Juggler.
		La Débardeur . . .	Débardeur.
Victorieuse (1) .	Bayard	Québec	Ganymède. N. par Voltaire.
		N.	Chesterfield-Junior. N. par Ganymède.
	Jument de p. s.		

Né chez M. Merlin, à Saint-Victor-l'Abbaye (Seine-Inférieure).

1877 a gagné	. . . . .	1,200 fr.	18,705 fr.
—78 —	. . . . .	6,965	
—79 —	. . . . .	4,575	
—80 —	. . . . .	5,965	

Vitesse 1878, Pont-l'Evêque, 1' 47", sur 4,000 mètres.
— —79, Maisons-Laffitte, 1' 43", sur 5,000 —
— —80, Vincennes, 1' 42", sur 5,000 —

Haras de Saint-Victor-l'Abbaye : 1881-88.

Sommes gagnées par ses produits :

1885	5,360 fr.	1887	29,466 fr.
—86	32,525	—88	28,530

(1) Victorieuse, Bb., 1864, gagnante à 4 ans de 2,500 fr. — R. 1'51", a produit :

1871 Bertha, par Y. Quick-Silver.
—72 Imprévue, par Y. Quick-Silver.
—73 Anicroche, par Y. Quick-Silver, gagnant à 3, 4 et 5 ans de 11,050 fr. — R. 1' 46".
—74 Serviteur.
—76 Délurée, par Y. Quick-Silver, gagnante à 4 ans de 320 fr.
—77 Vigilant, par Y. Quick-Silver.

Productions de SERVITEUR:

Alaric, i. de Panade.
Anisette, i. d' Trotten-Rattler.
Aouda, i. d' Tardif.
Baptiste, i. d' Mirliton.
Beaumignon, i. d' Mignon.
Bettina, i. de Mlle de Saint-Melaine.
Carmen, i. d' Tigris.
Diana, i. d' Oriflamme.
Dynamite (1), i. de Pomponnette.
Eglantine, i. de Mistake.
Etourneau ex Etoile, i. de Duchesse.
Eureka, i. de Y. Quick-Silver.
Fœdora, i. d' Lavater.
Fondateur, i. d' Bayard.
Frigolet, i. de Pomponnette.
Frileuse, i. de Orpheline.
Gazelle (2), i. d' Censeur.
Gazelle, i. d' Niger.
Glorieuse, i. de Mistake.
Gouverneur, i. d' Trotten-Rattler.
Grain-d'Or, i. d' Bayard.
Gromm, i. d' Trotten-Rattler.
Hélène (3), i. d' Lavater ou Lambris.
Hugo, i. d' Bayard.
Ida, i. d' Y. Quick-Silver.
Iseure (4), i. d' Y. Quick-Silver.
E Jadis (5), i. d' Trotten-Rattler.
Jaïr (6), i. d' Quick-Silver.
Jaloux, i. de Pomponnette.
Jeannette, i. d' Ouvrier, v. p. 84.
Jeannot, i. d' Trotten-Rattler.
Jéricho, i. de Coquette.
Joliette (7), i. de Octavia (anglaise).
Joyeuse, i. d' Trotten-Rattler.
Juliette, i. d' Washington.
Jupiter, i. de Bichette.
Kermesse, i. d' Y. Quick-Silver.
Khan, i. de Octavia (anglaise), v. p. 84.
Kléber, i. d' Trotten-Rattler.
Kopeck (8), i. de Fidélité.
La Chanterelle, i. de Fidélité.
Larbin, i. d' Trotten-Rattler.
Licheur, i. d' Montfort (p. s.).
Louvette, i. d' Serpolet R.
E Loyal, i. d' Trotten-Rattler.
Lutine, i. d' Valdempierre.
Mandarin, i. d' Ouvrier.
Noces-d'Argent (9), i. d' Rapid-Roan.
Nitouche, i. d' Trotten-Rattler.
Olivette, i. d' Ouvrier, v. p. 84.
Opprimée.
Papillon.
Pâquerette, i. d' Y. Quick-Silver.
Perette.
Pipelet, i. d' Trotten-Rattler.
Rapide, i. d' Dragon (p. s.).
Rose-Friquet, i. d' Moniteur.
Serviteur, i. d' Y. Quick-Silver.
Soubrette, i. d' Trotten-Rattler.
Soumise, i. d' Va-de-Bon-Cœur.
Victorieuse.
Vigilante, i. de Fanchette.

---

(1) Dynamite, Bb., 1881, gagnante de 4.190 fr. — R. 1' 48".
(2) Gazelle, Bb., 1884, gagnante à 3, 4 et 5 ans de 14,227 fr. — R. 1' 37".
(3) Hélène, N., 1886, gagnante de 12,730 fr. — R. 1' 40".
(4) Iseure, B., 1886, gagnante à 3, 4, 5 et 6 ans de 16,700 fr. — R. 1' 40".
(5) Jadis, Bb., 1882, gagnant à 3 et 4 ans de 6,070 fr. — R. 1' 44".
(6) Jair, R., 1887, gagnant à 3 ans de 2,860 fr. — R. 1' 45".
(7) Joliette, Bd., 1882, gagnante de 32,415 fr. — R. 1' 36", v. p. 84.
(8) Kopeck, B., 1883, gagnante à 3, 4 et 5 ans de 6,555 fr. — R. 1' 45".
(9) Noces-d'Argent, R., 1885, gagnant de 20,215 fr. — R. 1' 38", à Levallois.

SOBRIQUET. N. — 1.60. — 1874. HN.

Lavater. . . .	Y. ou Crocus.		
	Candelaria.		
Nita (1). . . .	Ipsilanty	T. B. Phœnomenon.	Old-Phœnomenon. Mecklembourgeoise.
		N.	Sylvio. N. par Valient.
	Ida	Royal-Oak	Catton. Smolensko-Marc.
		Thérence	Turck. Esméralda par Sylvio.

Né chez M. Mann, à Pont-Audemer (Eure).

1877 a gagné . . . . 300 fr.

Vitesse 1877, Caen, 1′ 57″.

Acheté à M. Grandin de l'Épervier. . . . . . 7,000 fr.

Saint-Lô : 1878-86.

SOMMES GAGNÉES PAR SES PRODUITS :

1883	2,820 fr.	1888	8,141 fr.
—84	7,635	—89	6,857
—85	2,790	—90	13,040
—86	7,327	—91	1,403
—87	8,017	—92	5,700

(1) Nita, mère d'Arcole, v. p. 20.

Productions de SOBRIQUET :

Amusante, i. d' Josaphat.
Badine, i. d' Bisson.
Cadrille, i. d' Josaphat.
E Callas ex Champion, i. d' Bisson.
Calypso, i. d' Josaphat.
Célimène, i. d' Josaphat.
Charlotte, i. d' Josaphat.
Chérie, i. d' Josaphat.
Coquette, i. d' Essence.
Danaüs, i. d' Josaphat.
Davina (1), i. d' Josaphat.
Déesse, i. d' Ambition.
Dévote, i. d' Elven.
Dragonne.
E Eloge, i. d' Quia.
Eurybate, i. d' Lionceau.
Favorite, i. d' Josaphat.
Filante, i. d' Josaphat.
Finlande, i. d' Médicis (p. s.).
E Flers, i. d' Bisson.
Flon-Flon, i. d' Baron-Knight.
Follette, i. d' Jules-César.
E Forth, i. d' Niger.
Fringante, i. d' Josaphat.
Gazelle (2), i. d' Lionceau.
Haleuse, i. d' Josaphat.
Haydée, i. d' Médicis.
Hector, i. d' Lionceau.
Hedjaz, i. de Marquise.
Héroïne, i. d' Bisson.
Hirondelle, i. d' Lionceau.
Huelgoat, i. d' Grant.
Inconnue, i. d' Josaphat.
Ipsic-Cadrille II, i. d' Josaphat.
E Jasmin IV (3), i. d' Normand.
E Jeffreys, i. d' Josaphat (app.).
Lopin, i. d' Josaphat (app.).
Levrette II, i. d' j. normande.
Lisa, i. d' Bisson.
Poupette, i. d' Josaphat.
Rigolette, i. d' Josaphat.
Sans-Tache, i. d' Bijou.
Sobriquette, i. d' Josaphat.
Sornette, i. d' Union-Jack.
Sultane, i. d' Modèle.
Zoulou (4), i. d' Oronte.

---

(1) Davina, Bb., 1881, gagnante à 3 ans de 1,930 fr., mère de la Lionne (Le Lion, p. s.).
(2) Gazelle, B., 1884, gagnante à 3, 4 et 5 ans de 3,826 fr. — R. 1' 48".
(3) Jasmin IV, Bb, 1887, gagnant à 3 ans de 3,262 fr. — R. 1' 43". Acheté comme trotteur à M. de Basly. Etalon à Saint-Lô.
(4) Zoulou, Bb., 1880, issu de Pâquerette, par Oronte (The Heir-of-Linne), gagnant à 3, 4, 5 et 6 ans de 14.892 fr. — R. 1' 40".

THE HEIR-OF-LINNE. A. — 1,58. — 1853. HN.

Galaor (1838).	Muley-Molock (1830).	Muley	Orville. Evelina.
		Nancy	D. Andrews. Spitfire.
	Darioletta (1) (1822).	Amadis	Don-Quixotte. Fanny.
		Selima	Selim. N. par Pot 8 O S.
Mistress Walker (1844).	Jereed (1834).	Sultan	Selim. Bacchante par W., S. Ditto.
		My-Lady	Comus. M. de Colonel.
	Zinganee-Mare (1837).	Priam ou Zinganee	Tramp. Folly.
		Orville-Mare	Orville. Miss-Grimston.

S. B. An. 8e v. p. 30. — Né en Ecosse.

Importé en France, par M. le baron du Taya, directeur-général des Haras.

Tarbes : 1859.

Saint-Lô : 1863-71.

Sommes gagnées par ses produits de 1/2 sang :

1869	9,950 fr.	1873	11,100 fr.
—70	3,205	—74	50,800
—71	13,350	—75	40,805
—72	11,300	—76	5,100

1877 . . . . 500 fr.

---

(1) Darioletta est la grand'mère maternelle de The Flying-Dutchman, voir pedigree de Dollar, page XIII de la préface.

NOTA. — L'Annuaire officiel des courses au trot de 1869 (p. 283) indique The Heir-of-Linne, par Galaor et Louisa-Newel ? ? ?

Productions de THE HEIR-OF-LINNE :

Alfane, i. d' Lagopède.
Allumette, i. d'Eylau (p. s.), v. p. 43.
Bon-Espoir, i. d' Kapirat.
Cendrillon, i. d' Corsair.
Charmante.
Clovis, ex-Pas-Perdu.
Coquette, i. de Corvette.
Cora.
Dexter, i. de Marguerite.
Emeraude, i. de Turquoise, par Sting.
Espérance, i. d' Ursin, v. p. 64.
Fantasque ex Coma, i. de Dalila, par Rabelais.
Faucille, i. de Régulier.
Flamme.
Fleur-de-Mai, i. de Lisette, par Garry-Owen.
Gabrielle, i. de Mona-Lisa par Weathergags.
Heir-of-Linne, i. d' Corsair, v. p. 225.
Hirondelle, i. de Aimée.
E Ismael, i. d' Lagopède.
Jean-Bart (1).
Jeanne-la-Folle.
E J'Y-Songerai, v. p. 108.
Karaïde, i. d' Paternel.
L' Avenir.
La Lumière (2), i. de Grande Mademoiselle, par The Nabob.
La Nique (3), i. d' Electeur.
Mlle de Fontenay, i. d' Twiligth, par Vélocipède.
Malvina, i. d' Carnassier.
Mandarine, i. d' Succès, v. p. 224.
E Mardochée, i. d' Lahore.
Marga, i. d' Conquérant.
Marionnette, i. de Miss-Sting, par Sting.
E Mathurin, i. de Bamboula.
E Mazeppa, i. d' Ugolin.
Mine-d'Or, i. d' Etendard.
Minette, i. d' The-Caster (p. s.).
Miss-Eris, i. de Miss-Anna.
Miss-Etoile, i. de Etoile.
Miss-of-Linne, i. de Catherina, v. p. 15.
Miss The Heir-of-Linne, i. d' Kapirat.
Miss Trop-Chon, i. d' Sinope.
Modestie, i. d' Ugolin, v. p. 191.
Monaco, i. d' Giboyer.
Montjoie (4), i. d' Ravissant.
E Myosotis, i. d' Perfection.
Navarin (5), i. d' Nemrod.
Noémie, i. de Elégante, par Garry-Owen.
Nubis, i. d' Eylau.
E Oak (6), i. de Miss-Airel.
Obstacle, i. d' Marengo.
Orientale, i. d' Etendard.
E Oronte, i. d' Ugolin.
E Orphée, i. d' Ugolin, v. p. 153.
Ouvrière.
E Pactole, i. d' Giboyer, v. p. 156.
Pauvrette, i. de La Fanchonnette.
Pelure-d'Orange, i. d' Etendard.
Peppino, i. d' Ugolin.
E Phaëton, i. d' Crocus, v. p. 159.
Pied-Léger, i. d' Ugolin.
Pile ou Face.
Poisson-d'Avril, i. d' Eylau (p. s.).
Poniatowski.
Prince, i. de Miss-Airel.
E Printemps, i. d' Hunter.
Protestante.
Questor, i. d' Ugolin.
Quick, i. d' Divus.
E Quickly, ex Quelqu'un, v. p. 153.
E Quiddamy, i. d' Succès, v. p. 173.
Ruch-Tra, i. de Aurore par Richmond.
Sornette, i. de Victorieuse.
E Stoffles, i. d' j. normande.
Théodora, i. d' j. de Tarbes.
Valérie, i. de Derline.

---

(1) Jean-Bart, Bb., 1865, gagnant à 3 et 4 ans de 4,300 fr. — R. 1' 54".
(2) La Lumière, A., 1871, mère de Soleil (Little-Duck), E. des Haras et de Bougie (Bruce).
(3) La Nique a produit l'étalon Vésuve, par Lavater, v. p. 123.
(4) Montjoie, N., 1867, gagnant à 4 et 5 ans de 17,800 fr. — R. 1' 46".
(5) Navarin, B., 1869, gagnant à 3 et 4 ans de 4,200 fr. — R. 1' 51".
(6) Oak, Bb., 1840, gagnant à 4 ans de 5,300 fr. -- R. 1' 47".

TIGRIS. Bb. — 1.59. — 1875. HN.

Lavater. . . .	Y. ou Crocus.		
	Candelaria.		
Modestie . . .	The Heir-of-Linne. .	Galaor	Muley-Molock.
			Darioletta.
		Mrs Walker	Jereed.
			Zinganee-Mare.
	Négresse	Ugolin	Parisien.
		N	Lahore.
			N. par Eastham.

Né chez M. Allix-Courboy, à Saint-Côme-du-Mont (Manche).

1878 a gagné. . . . . . 5,688 fr.

Vitesse 1878, Caen, 1′ 53″.

Acheté à M. Pierre. . . . . 8,000 fr.

Le Pin : 1879.

SOMMES GAGNÉES PAR SES PRODUITS :

1883	22,540 fr.	1889.	98,007 fr.
—84	30,612	—90.	131,446
—85	29.462	—91.	148,300
—86	41,803	—92.	213,321
—87	70,501	— 93.	110,199
—88	87,935	—94.	51,355

1895. . . . . 61,687 fr.

Productions de la mère de TIGRIS :

Modestie, B., 1864, gagnante à 3, 4 et 5 ans de 26,550 fr., a produit :

1873 Pâquerette, par Conquérant, gagante à 3, 4 et 5 ans de 14,720 fr. — R. 1' 45".

—74 Pervenche, par Conquérant (mère de Loïse, par Qui-Vive), gagnante à 3 ans de 2,400 fr. — R. 1' 44".

—75 Tigris.

—80 Cantorbéry, ex Courtois, par Lavater, E. au Pin, de 1884 à 1888.

—82 Feuille-de-Lierre, par Reynolds, mère de plusieurs étalons.

—84 Géronte, ex Général, par Reynolds, E. à Saintes.

—85 Hémine, par Reynolds, gagnante à 3, 4, 5 et 6 ans de 107,127 fr. — R. 1' 34".

—86 Isère, par Reynolds, gagnante à 3 ans de 3.410 fr. — R. 1'40".

—87 Jachère, par Reynolds, gagnante à 3, 4 et 5 ans de 31,595 fr.— R. 1' 37".

—90 Modestine, par Colporteur (Amérique).

Productions de TIGRIS :

Anémone, i. de Diane (p. s.).
Baladine, i. de Alice (p. s.).
Balzamine, i. d' Normand, v. p. 117.
E Barbe-en-Zinc, i. d' Rivoli.
Belle-Petite, i. d' j. anglaise.
Belle-Lurette, i. d' Normand, v. p. 62.
Bluette, i. d' Noteur.
Bluette, i. d' Abrantès.
Carlotta, i. de Carlotta.
Chevreuse, i. d' Fitz-Gladiator.
E Cicéron II, i. d' Centaure, v. p. 34.
Citron (1), i. d' Enragé.
Colerette (2), i. d' Conquérant.
Conquête, i. d' Jactator.
Constante, i. de Coquette.
Corvette (3), i. de Alice (p. s.).
Devise, i. d' Matchless.
Divandine, i. de Révolue.
E Domino, i. d' Normand, v. p. 62.
E Don-Quichotte, i. d' Matchless, v. p. 53.
Dosia, i. de Epave.
Duchesse, i. d' Normand.
Dumas, i. d' Abrantès.
Ebène, i. d' Conquérant.
Eclatant, i. d' Libérator.
Ecrin, i. d'Angèle.
Eglantine, i. de Fortuna (p. s.).
Eglantine, i. d' Marignan.
E Email (4), i. d' Abrantès (app.).
E Epinal II (5), i. de Tontine (app.).
Espérance, i. d' Raifort.
Espérance, i. d' Quia.
E Espoir, i. d' Normand, v. p. 62.
Estaminet, i. d' Conquérant.
Falbala, i. de Folette (p. s.).
Fanchonnette, i. de Célimène (p. s.).

---

(1) Citron, R., 1880, gagnant à 3 et 4 ans de 16,365 fr. — R. 1' 38".
(2) Colerette, Bb., 1880, gagnante à 3 et 4 ans de 6,025 fr. — R. 1' 40".
(3) Corvette, B., 1880, gagnante à 3 ans de 9,840 fr. — R. 1' 47".
(4) Email, N., 1882, gagnant de 76,633 fr. — R. 1' 34". Fait la monte dans le Calvados, à Cesny-aux-Vignes, chez M. Pion.
(5) Epinal II, B., 1882 (app.), gagnant de 40,632 fr. — R. 1' 38".

Productions de TIGRIS :

Faust, i. d' Hannon.
Fée (1), i. de Alice (p. s.).
Fétiche, i. d' Brindisi.
Flers, i. d' Conquérant.
Flocon, i. d' Ovide.
E Florestan, i. d' Kilomètre.
E Fontainebleau, i. d' Idoménée.
E Fontenay, i. d' Renémesnil, v. p. 70.
E Fournichon, i. d' Ovide.
Francillon, i. d' Faublas.
Friponne, i. de Mignonne.
Frivolité, i. de Bassinière.
Gagne-Petit, i. de Mme Angot.
Galant, i. d' Noteur.
Galantine, i. de Aurore.
Gaston-Phœbus (2), i. d' Jovial.
Gaufrette, i. d' Affidavit (p. s.).
Gazelle, i. de Orpheline.
Généreux, i. d' Noville.
Genève, i. d' Noville.
E Gentleman, i. d' Conquérant.
Gérant, i. d' Conquérant.
Gesler, i. d' Affidavit (p. s.).
Giboulée, i. d' Trotten-Rattler.
Girofla, i. de Alice (p. s.).
Giroflée, i. d' Conquérant.
Glaneuse, i. de Vaillante.
Glèbe, i. d' Beau-Solell.
Gondole, i. d' Lilas.
Grande-Dame (3), i. d' The-Gloaming (p. s.).
Grenadine, i. de Fortuna (p. s.), v. p. 106.
Gypsie, i. de Fine-Chartreuse.
Hautain, i. de Ethel-Maries (p. s.).
Harpagon, i. d' Affidavit (p. s.).
Hélène, i. de Warona (russe).
Héliotrope, i. d' Affidavit (p. s.).
Helvétie, i. d' Conquérant.
E Hercule-Normand, i. d' Normand, v. p. 88.
Henriette, i. d' Conquérant.
Hermosa, i. d' Conquérant.
Hétaire (4), i. d' Kilomètre.
Hirondelle, i. d' Renémesnil, v. p. 70.
E Hocquaincourt, i. d' Conquérant.
E Homard, i, d' Normand, v. p. 94.
Houlette, i. d' Humber.
Hypothèse, i. d' Conquérant.
E Ibrahim, i. d' Libas, v. p. 96.
Idole, i. d' Normand, v. p. 117.
If-You-Pléase, i. de Alice (p. s.).
Impératrice, i. d' Conquérant.
E Incroyable, i. d' Affidavit (p. s.).
E Indépendant, i. d' Mazeppa.
E Infidèle, i. d' Conquérant.
E Inséparable, i. d' Jackson.
Iris (5), i. d' Conquérant.
Isaure. i. d' Affidavit (p. s.).
E Isnard, i. d' Noville.
Italie, i. d' Matchless, v. p. 53.
Italienne, i. d' Conquérant.
Ithaque, i. de Ethel-Maries (p. s.).
E Ivan, i. d' Qui-Vive, v. p. 119.
Jacinthe, i. de Alice (p. s.).
Jahel, i. d' Noville.
E Jason III, i. d' Conquérant.

(1) Fée, B., 1883, gagnante à 3 et 4 ans de 5,725 fr. — R. 1' 42".
(2) Gaston-Phœbus, N., 1884, gagnant de 33,197 fr. — R. 1' 36".
(3) Grande-Dame, B., 1884, gagnante à 3 et 4 ans de 59,106 fr. — R. 1' 35"
(4) Hétaire, B., 1885, gagnante à 3 et 4 ans de 24,377 fr. — R. 1' 39".
(5) Iris, B., 1886, gagnante à 3 et 4 ans de 37,131 fr. — R. 1' 33".

Productions de TIGRIS :

Java, i. d' Normand, v. p. 117.
Javeline, i. de Carlotta.
Jean-le-Bon, i. d' Gabier (p. s.).
Jeanne-d'Arc, i. d' Conquérant.
Jeannette III (1), i. d' Conquérant.
Jenny, i. d' Normand.
Jetta, i. de Folette II (p. s.).
E Jockey, i. d' Normand, v. p. 62.
Joconde, i. d' Affidavit (p. s.).
E Jongleur, i. d' Normand.
Jonquille, i. d' Affidavit (p. s.).
E Joseph, i. d' Noville.
Jouvence, i. d' Affidavit (p. s.).
E Jovial, i. d' Normand, v. p. 94.
E Kalmia, i. d' Normand, v. p. 112.
E Kan (2), i. d' Forestier.
Kan, i. d' Polkantchick, v. p. 56.
Kaoline, i. d' Matchless, v. p. 53.
E Kara (3), i. d' The Heir-of-Linne (p. s.) (app.).
Kean (4), i. de Discrétion (p. s.).
Kermesse, i. d' Conquérant.
Kermesse, i. d' Niger.
Kioto (5), i. de Meha (p. s.).
Kivala, i. d' Eole.
E Kossuth, i. d' Normand, v. p. 117.
E Kyrielle, i. d' Y.
La Calone, i. d'Illico.
La Comète, i. d' Montfort (p. s.).
E Lansquenet, i. d' Renémesnil v. p. 70.
E Lansquenet, i d' Ipsilanty, v. p. 20.
La Pentecôte, i. d' Conquérant.
Laurencia, i. d' Conquérant.
La Vallière, i. d' Oronte.
Le Courrier, i. d' Normand, v. p. 66.
Léda, i. d' Normand, v. p. 112.
Léonidas, i. de Fortuna, v. p. 106.
Lœtitia, i. d' Conquérant.
E Loriot, i. d' Normand, v. p. 126.
Luc, i. d' Normand.
Lucrèce, i. d' Milanais.
Lutèce, i. d' Esculape.
Lyre, i. d' Matchless, v. p. 53.
E Macaroni, i. d'Acquila.
Macbeth, i. d' Solide.
Mlle de Saint-Pair, i. d' Normand, v. p. 62.
Mlle de Troarn, i. d' Y.
E Marceau, i. d' Matchless, v. p. 53.
Marcellus, i. d' Acquila.
Margrave, i. d' Normand, v. p. 62.
Marquise, i. d' Normand, v. p. 62.
Matador, i. d' Normand.
E Méfiez-vous, i. d' Conquérant.
Messagère (6), i. d' Phaëton.
Miss, i. d' Milanais.
Midi, i. d' Rivoli.
Microbe, i. d' Esculape.
Miss-Helyett, i. d'Acquila.
Minerve, i. d' Vingt-Mars.
Mistral, i. d' Attila.
E Mont-Joie, i. d' Normand, v. p. 112.
Morphine, i. d' Niger.
Namur, i. d' Normand.
Navarre (7), i. de Esmeralda (p. s.).
Navarre, i. d' Normand, v. p. 66.
Nectar, i. d' Conquérant.
Nemrod, i. d' Rivoli.
Nénuphar, i. d' Gabier (p. s.).
Neuville, i. de Ivresse.
Nick, i. d' Irlandais.
Nigra, i. d' Conquérant.
Nikel, i. d' Gabier (p. s.).
Nina, i. d' Normand, v. p. 94.
Niniche, i. d'Acquila.

---

(1) Jeannette III, B., 1887, gagnante à 3, 4 et 5 ans de 27,490 fr. — R. 1' 38".
(2) Kan, N., 1888, gagnant à 3, 4 et 5 ans de 17,135 fr. — R. 1' 37", E. à Moutier-en-Der.
(3) Kara, Bb., 1888, gagnant à 3 et 4 ans de 8,680 fr. — R. 1' 40". Prime de 900 fr., fait la monte dans l'Eure.
(4) Kean, B., 1888, gagnant à 3 et 4 ans de 5,570 fr. — R. 1' 43".
(5) Kioto, Bb., 1888, gagnant à 3 et 4 ans de 6,675 fr. — R. 1' 41".
(6) Messagère II, N., 1890, gagnante à 3 et 4 ans de 6,650 fr. — R. 1' 40".
(7) Navarre, B., 1882, gagnante à 3 et 4 ans de 9,220 fr. — R. 1' 41".

Productions de TIGRIS :

Nisquette, i. d' Acquila.
Noisette, i. d' Noville.
Noblesse, i. d' Fitz-Gladiator.
Noceur, i. d' Kaolin (p. s.).
Norma (1), i. d' El-Koumri (p. s.).
Normande, i. d' Pactole, v. p. 130.
Nougat, i. d' Conquérant.
E Nu, i. d' Rivoli.
Nuage, i. d' Montfort (p. s.).
Nuage, i. d' Conquérant.
Nubienne, i. d' Normand.
E Numa (2), i. d' Acquila.
Obole, i. d' Reynolds.
Occident, i. d' Brocardo (p. s.).
Océan, i. d' Rivoli.
Océania, i. d' Conquérant.
Océanie, i. d' Baptiste-Lemore.
Odalisque, i. de La Casaque (p. s.).
Olga, i. d' Polkantchick.
Olivette, i. d' Normand.
Oméga, i. d' Normand.
Ondine, i. d' Normand.
Onyx, i. de Suzan (p. s.).
Opignatre, i. d' Normand, v. p. 117.
Optimus, i. de Marcel (p. s.).
Orange, i. d' Conquérant.
Orientale, i. d' Renémesnil, v. p. 70.
Orion, i. d' Conquérant.
Orléans, i. d' Normand.
Orléans, i. d' Valencourt.
Ornaise, i. d' Cherbourg.
Orpheline, i. d' Officier.
Osmonde, i, d' Rivoli.
Othello (3), i. de Lisbeth (p. s.).
Ouest, i. d' Niger.
Ouistreham, i. d' Valparaiso.
Panamine, i. de Canaretta.
Péniche, i. de Couleuvre (p. s.).
Péray, i. d' Normand, v. p. 112.
Perce-Neige, i. d' Renémesnil, v. p. 70.
Pérette, i. de Reine-des-Bois (p. s.).
Pervenche, i. d' Valencourt.
Phœbus, i. de Joviale.
Pierre-Fitte, i. de Carlotta.
Piombino, i. d' Acquila.
Putot, i. d' Phaëton.
Plaisanterie, i. d' Baptiste-Lemore.
Qualifiée (4), i. d' Abderham (p. s.).
Quemenevin, i. d' Normand, v. p. 126.
Qu'en-dites-vous, i. d' Normand.
Quenouille, i. d' Zut (p. s.).
Quiproquo, i. d' Valencourt.
E Qui-vive! i. d' Phaëton, v. p. 171.
Renommée, i. d' Noville.
Ruy-Blas, i. d' Sauteur.
E Sans-souci, i. de Ethel-Marie (p. s.).
Scamandre, i. d' Normand, v. p. 62.
Sirène, i. d' Normand, v. p. 94.
Tête-de-Linotte, i. d' Conquérant.
Thétis, i. d' Normand, v. p. 94.
Tigresse, i. d' Enragé.
Tigris, i. de Blanche.
Valence, i. de Sultane.
Victoria, i. d' Umber.
Zamora, i. de Esmeralda (p. s.).

---

(1) Norma, G., 1884, gagnante à 4 et 5 ans de 13,150 fr. — R. 1' 37".
(2) Numa, B., 1891, gagnant à 3 et 4 ans de 10,800 fr. — R. 1' 38". Acheté 8,000 fr., E. à Compiègne.
(3) Othello, B., 1885, gagnant à 3 ans de 5.280 fr. — R. 1' 41".
(4) Qualifiée, B., 1891, gagnant à 3 et 4 ans de 7,270 fr. — R. 1' 42".

ULRICH. B. — 1.60 — 1876. HN.

Normand . .	Divus, par Québec.	
	Balsamine par Kapirat.	
Jument anglaise.		

Né chez M. Balvay, à Dives (Calvados).

1879 a gagné . . . . 400 fr.

Vitesse 1879, Caen, 2' 02".

Acheté à M. Balvay.

Cluny : 1880-95.

SOMMES GAGNÉES PAR SES PRODUITS :

1884	9.107 fr.	1889	20,800 fr.
—85	7,900	—90	13,410
—86	22,365	—91	17,504
—87	26,485	—92	10,290
—88	16,013	—93	18,222

1894 . . . . 8,470 fr.

Productions de d'ULRICH

Ariane, i. de Mlle de Pompadour.
Barabas, i. de Courte-Queue.
Buffalo-Bill.
Carloman.
Césarine, i. de Taillote.
Cinq-Avril, i. de Farinette.
Coquette, i. de Favorite.
Crinoline, i. de Margot.
Diadème, i. d' Qu'y-met-on.
Elle-Arrive, i. d' Conquérante.
Epaulette.
Faisan II (1), i. de Paysanne.
Fauvette, i. de Louise.
Gagne-Petit (2), i. de Paysanne.
Gamin, i. de Bergère.
Georgette.
Georges-Sand, i. d' Commandant.
Hirondelle, i. de Fauvette.
Intrépide, i. d' Marco.
Jadis, i. d' Tourmalet.
Jouteuse, i. d' J'y-Songerai.
Kerlaque, i. de Cantinière.
Kilo, i. de Barcelonne.
Kilpfel, i. de Camisole.
La Gaîté, i. de Margot.
Lancier, i. de La Juive.
Lapin, i. d' Valdempierre.
E Le Champy, i. d' Lavater, v. p. 110.
Lophophore, i. de Petite-Marmote.
Lingot-d'Or, i. d' Fleur-de-Thé.
Lisabeth, i. de Doucette.
Lutin, i. de Kiel.
Mlle de Saint-Georges (3), i. d' Sauvage.
Mandarine.
Manille, i. de La Petite-Marmotte.
Marabout (4), i. de Chevrette.
Marmot, i, de La Petite Marmotte.
Medina, i. d' Imbroglio.
Mirabelle, i. de Mignonne.
Miss-Malaga, i. d' Lavater, v. p. 110.
Monsieur de Saint-Georges, i. d' Sauvage.
Nain-Jaune, i. d' Commandant.
Narbonnais, i. d' Qui-Vive.
Néron, i. de Ratte.
Nevers, i. de La Petite-Marmotte.
Nicaragua, i. d' Arabella.
Nivernais, i. de Lionne.
Ono, i. d' Sauvage.
Panama (5), i. d' Imbroglio.
Paysanne (6), i. de Marquise.
Pierrette, i. d' Sauvage.
Poisson-d'Avril.
Poltron.
Poulette, i. de Paysanne.
Pressigny, i. de Crevette.
Quatre-Pistoles, i. d' J'y-Songerai.
Regina, i. de Petite-Marmotte.
Roméo (7), i. de Brotte.
Rustique, i. de Camisole.
Sapeur (8), i de Polka.
Surprise, i. d' Pasitano.
Téléphone, i. de Souris.
Trompeur, i. de Aïda.
Yvette, i. d' Rigolo.

(1) Faisan II, B., 1883, gagnant de 20,785 fr. — R. 1' 40".
(2) Gagne-Petit, A., 1883, gagnant à 3 ans de 8,370 fr. — R. 1' 46".
(3) Mademoiselle de Saint-Georges, R., 1886, gagnante à 3, 4, 5 et 6 ans de 7,730 fr. — R. 1' 37".
(4) Marabout, A., 1890, gagnant à 3, 4 et 5 ans de 6,983 fr. — R. 1' 45".
(5) Panama, B., 1886, gagnant à 3 et 4 ans de 5,530 fr. — R. 1' 45".
(6) Paysanne, B., 1881, gagnante à 3, 4 et 5 ans de 11,745 fr. — R. 1' 41".
(7) Roméo, G., 1881, gagnant de 10,175 fr. — R. 1' 40".
(8) Sapeur, B., 1881, gagnant à 3, 4 et 5 ans de 13,842 fr. — R. 1' 41".

UPAS. Bb. — 1.63. — 1876. HN.

Kilomètre. . .	Conquérant.	Kapirat.	Voltaire. N. par The Juggler.
		Élisa	Corsair. Élise.
	Yelva.	T. N. Phœnomenon.	Old-Phœnomenon. Mecklembourgeoise.
		Nanette.	Black-Jack. Martinette.
Pantomine ex Frolic . .	Charlatan.	Caravan	Camel. Wings.
		Lady-Charlotte . . .	Reveller. Rubens-Mare.
	Frenzy	Alarm.	Venison. Southdown.
		Mulato-Mare	Mulato. Lunocq.

Né chez M. Foulon, à La Pille, par le Sap (Orne).

1879 a gagné	18,197 fr.		59,713 fr.
—80 —	24,000		
—81 —	13.653		
—82 —	3,870		

Vitesse 1880, Le Pin, 1' 44".

— —81, Vire, 1' 38".

Acheté à M. Gost . . . . 14,000 fr.

Saint-Lô : 1883-85. Le Pin, 1886-88.

SOMMES GAGNÉES PAR SES PRODUITS :

1887	2,875 fr.	1890	11,133 fr.
—88	8,800	—91	7,823
—89	14,841	—92	7,125

Productions d'UPAS :

Acacia, i. d' Ugolin.
Alba, i. d' Ugolin.
Davina, i. d' Sobriquet.
Diana, i. d' Magenta.
Espérance, i. d' Eclaireur.
France, i. de Fille-de-l'Air.
Frimousse (1), i. d' Ugolin.
Gagne-Petit, i. d' Orphée, v. p. 226.
Galbanum, i. d' Ugolin.
Gambade, i. d' Lavater.
Gange, i. d' Kapirat.
Gare-à-toi, i. d' Ignoré.
Garnement, i. d' Lavater.
Gavarni, i. d' Lavater.
Gentilhomme, i. d' Ugolin.
Girofla, i. d' The Heir-of-Linne (p. s.).
E Gommeux, i. d' Lavater.
E Grainville, i. d' Ugolin.
Grand-Cœur, i. d' Ugolin.
Guerrier, i. d' Lavater.
Hamlet, i. d' Pretty-Boy (p. s.).
Harcourt, i. d' Lavater, v. p. 110.
Haricot, i, d' Junior.
Hébé, i. d' Lavater.
Hébé IV, i. d' Bisson.
Hélice, i. d' Lavater.
Henri, i. d' Lavater.
Hérisson, i. d' Lavater.
Hermina, i. d' Lavater.
Hermine V, i. d' Hussein.
Hermite, i. d' Lavater.
Hérodiade, i. d' Sidi.
Hervine, i. d' Lavater.
Hoche, i. d' Josaphat.
Hoche, i. d' J'y-Songerai.
Houlette, i. d' Lavater.
Houry, i. d' Lavater.
Idria, i. d' Sobriquet.
Impasse, i. d' Lavater.
Inca, i. d' Lavater.
Index, i. d' Kapirat.
Inspectrice, i. d' Lavater.
E Intime, i. d' Shamrock.
Iris, i. d' Lavater.
Ironie, i. d' Bisson.
Isabeau, i. d' Junior.
Jacinthe (2), i. d' Pretender.
Jactance, i. d' Oriflamme.
Javelot, i. d' Bayard.
Jouvence, i. d' Noville.
Letty, i. de Candide.
Ketty (3), i. d' Ornement.
Kozyr, i. d' Noville.
Narcisse, i. d' Lavater.
Olive, i. d' Orphée, v. p. 226.
Onyx, i. d' Sincérity (p. s.).
Orléans, i. d' Valdempierre.
Philis, i. d' Sincérity (p. s.).
Rase-Tout, i. d' Jackson.

---

(1) Frimousse ex Friponne, Bb., 1885, gagnante à 3, 4 et 5 ans de 18,782 fr. — R. 1' 39".
(2) Jacinthe, B., 1887, gagnante à 3, 4 et 5 ans de 6,490 fr. — R. 1' 40".
(3) Ketty, Bb., 1888, gagnante à 3 à 4 ans de 5,935 fr. — R. 1'41".

URIEL (1). B. — 1,58. — 1876. HN.

Conquérant. .	Kapirat.	Voltaire.	Impérieux par Y. Rattler. La Pilot.
		N.	The Juggler. N. par Y. Topper.
	Élisa	Corsair	Knox's Corsair. N. par Cleveland.
		Élise	Marcellus. La Panachée.
Miss-Pierce . .	Succès	Telegraph	Old-Phœnomenon. N. par Old-Gramby.
		N.	The Juggler. N. par Y. Topper.
	Lady-Pierce	américaine.	

Né chez M. Douesnel, à Mondeville, près Caen (Calvados).

N'a pas couru.

Acheté à M. Douesnel. . . . . 10,000 fr.

Le Pin : 1881-92.

SOMMES GAGNÉES PAR SES PRODUITS :

1885	14,278 fr.	1890	8,320 fr.
—86	6,180	—91	3,891
—87	35,310	—92	8,272
—88	23,100	—93	11,715
—89	500	—94	24,346

(1) Uriel est le propre frère de Reynolds, v. p. 173.

Productions d'URIEL :

Cantinière, i. de Délurée.
Capsule, i. d' Kellermann.
Capucine, i. d' Conquérant.
Eclipse, i. d' Centaure.
Emeraude, i. d' Niger.
E Etudiant, i. d' Centaure.
Eva III (1), i. de Clémence-Isaure (p. s.).
Farfadet, i. d' Normand, v. p. 94.
Favorite, i. d' Interprète.
Folichonne, i. de Tirelire.
Fusée, i. d' Phaëton.
Gabelle, i. d' Braconnier (p. s.).
E Galant, i. d' Faust, v. p. 78.
E Galant II, i. d' Faust, v. p. 79.
E Galopin, i. d' Kilomètre.
Gazette, i. d' Taconnet.
Grenade, i. d' Niger.
Grenadine, i. d' Kilomètre.
Grisette, i. d' Niger.
E Harpon (2), i. d'Eclipse.
Ida, i. de Bagatelle (p. s.).
Indiscrète, i. d' Serpolet.
Intrépide, i. d' Palanquin.
Isabelle, i. d' Inkermann.
Ixion, i. d' Eclipse.
Jenny III, i. de Mme La Baronne (p. s.).
Jonquille, i. de Garantie (p. s.).
Jongleuse, i. d' Inkermann.
Joûteur, i. d' Nolleval.
Junot, i. d' Nouvion.
E Jura, i. d' Tigris.
Jura, i. d' Phœnomenon.
Kalmia, i. d' Lavater.
Képi, i. d' Quoties.
Ketty, i. de Bagatelle (p. s.).
Kevel, i. d' Niger.
Kléber, i. d' Trotten-Rattler.
Ko-Ki-Ka, i. d' Normand.
Lady-Pille (3), i. d' Niger.
La Roche, i. d' Thorigny.
Légalité, i. d' Gaulois.
Libérator, i. d' Héros.
Linotte, i. d' Vichnou (p. s.).
Lynx, i. d' Vorogey.
Mandoline, i. de Bagatelle (p. s).
Matelotte, i. d' Conquérant.
Merluche, i. d' Phaëton, v. p. 134.
Mirabelle, i. d' Eclipse.
E Mirliton (4), i. de Nichette (p. s.).
Miss-May, i. de Gare.
Murat (5), i. d' Hippomène.
Myrto, i. d' Elu.
Navette, i. d' Cherbourg.
Néva, i. d' Vicomte.
Norma, i, d' Théophile.
Pâquerette, i. d' Praticien.
Primerose, i. d' Faust (p. s.), v. p. 78.
Rosette, i. d' Phaëton.
Turlurette, i. d' Y.
Vénitienne, i. d' Vicomte.
Violette, i. d' Noteur.

---

(1) Eva III, B., 1882, gagnante à 3, 4 et 5 ans de 7,160 fr. — R. 1'40".
(2) Harpon, B., 1882, gagnant à 3 ans de 13,851 fr. — R. 1'43", E. à Compiègne.
(3) Lady-Pille, A., 1889, gagnante à 3, 4 et 5 ans de 19,983 fr. — R. 1'37".
(4) Mirliton, B., 1890, gagnant à 3 et 4 ans de 11,990 fr. — R. 1'42", E. au Pin.
(5) Murat, B., 1890, gagnant à 3, 4 et 5 ans de 6,200 fr. — R. 1'40".

VALDEMPIERRE. Bb. — 1.62. — 1887. HN.

Normand . . .	Divus	Québec	Ganymède. N. par Voltaire.
		N.	Electrique.
	Balsamine	Kapirat	Voltaire. N. par The Juggler.
		N.	Débardeur.
Rosière (1) . .	Conquérant	Kapirat	Voltaire. N. par The Juggler.
		Élisa	Corsair. Élise.
	Papillote	Perruquier.	
		N.	Succès. anglaise.

Né chez M. Valdampierre, à Troarn (Calvados).

1880 a gagné . . . . . 2,333 fr.
—81 — . . . . . . 4,100 } 6,433 fr.

Vitesse 1880, Caen, 1′ 56″.
— —81, Flers, 1′ 47″.

Acheté à M. Marguerin. . . . 10,000 fr.

Le Pin : 1882.

Sommes gagnées par ses produits :

1887	6,230 fr.	1890	5,670 fr.
—88	7,595	—91	11,455
—89	8,690	—92	8,620

(1) Rosière, B., 1873, a produit :
1877 Valdempierre.
—79 Arlette, par Normand, v. p. 66.
—81 Dur-à-Cuir, par Normand, gagnant à 3 ans de 1,400 fr. — R. 1′ 48″.
—88 Sans-Tache, par Acquila.
—89 Lutteuse, par Tigris.
—90 Merveilleuse, par Hardy.
—91 Nathalie, par Hardy.

Productions de VALDEMPIERRE :

Bayard, i. d' Idus.
Calypso, i. d' Taconnet.
Cendrillon, i. d' Tristan.
Clair-de-Lune, i. d' Carignan.
Croissant, i. d' Niger.
Dona-Sol, i. d' Phaëton.
Espérance, i. d' Phaëton.
Fanfare, i. d' Esculape.
Fanfaronne, i. d' Esculape.
Félicia II, i. d' Inkermann.
E Fénelon, i. d' Morgan.
Flanelle, i. d' Taconnet.
Florence, i. d' Niger.
E Florentino, i. d' Conquérant.
Franc-Normand, i. d' Régénérateur.
Frégate, i. d' Buci.
Frétillon, i. d' Phaëton.
E Frondeur, i. d' Kilomètre.
Gagne-Pain, i. d' Faust.
E Galantin, i. d' Hannon.
Garonnaise, i. d' Hannon.
E Galuchet, i. d' Faust.
Georgette, i. d' Morgan.
E Glaneur, i. d' T. N. Phœnomenon, v. p. 83.
Glaneuse, i. d' Niger.
Grimacière, i. d' Palanquin.
Harpagon, i. d' Palanquin.
Havane, i. d' Niger.
E Havas, i. d' Niger.
Haydée, i. d' Inkermann.
Hébé, i. d' Hannon.
Hébé, i. d' Morgan.
Hécate, i. d' Phaëton.
E Hécla, i. d' Extase, v. p. 30.
Hermite, i. d' Inkermann.
Héroïque, i. de Hérésie (p. s.).
Hirondelle, i. d' Cherbourg.
E Honoré, i. d' Palanquin.
Hypothèse, i, de Nitouche (p. s.).
Immaculé, i. d' Niger.
Impromptu, i. d' Sir Quid-Pigtail (p. s.).
Indiana, i. d' Centaure.
Indiana, i. d' Phaëton.
Indifférent, i. d' Niger.
Inev, i. d' Niger.
E Infernal, i. d' Niger.
Ino, i. d' Affidavit (p. s.).
Intégral, i. d' Phaëton.
Intrépide, i. d' Praticien.
Irène, i. d' Gaulois.
Italienne, i. d' Oriental.
E Iton ex Illustre, i.d' Norfolk-Trotter.
Isabelle, i. d' Niger.
Isabelle, i. d' Palanquin.
Isladi, i. d' Niger.
Java, i. d' Quiclet.
Jean-sans-Peur, i. d' Giboyer.
E Jean-sans-Terre (1), i. d' Eclipse.
Jéhu, i. d' Faust.
Jenny V, i. d' Niger.
Joconde, i. d' Lavater.
Jonquille (2), i. d' Phaëton.
Jongleur, i. d' Inkermann.
Jongleuse, i. d' Inkermann.
Joyeuse (3), i. d' Niger.
Judith, i, d' Palanquin.
Kermes, i. d' Héros.
Ketty, i. d' Jactator.
E Khédive, i. d' Centaure.
Kilda, i. d' Marignan.
Kozby, i. d' Saint-Rigomer.
Lackmé, i. d' Quiclet.

(1) Jean-sans-Terre, par Valdempierre ou Phaëton, E. à Hennebont.
(2) Jonquille, B., 1887, gagnante à 3 et 4 ans de 5,925 fr. — R. 1' 40".
(3) Joyeuse, B., 1887, gagnante à 3, 4 et 5 ans de 17,270 fr. — R. 1' 40".

Productions de VALDEMPIERRE :

La Favorite, i. d. j. anglaise.
La Verrerie, i. d' Jackson.
Liancourt, i. d' Faust (p. s.).
Lilas, i. d' Dictateur.
Limonade, i. d' Oméga.
Lozange, i, d' Typique.
Lucain, i. d' Uriel.
Lydien, i. d' Renaissant.
Mlle de Talonnay, i. d' Centaure.
Mante, i. d' Quiclet.
E Magnifique, i. d' Ximenès.
Marie-Jolie, i. d' Faust (p. s.).
Marjolaine, i. d' West-Australien (p. s.).
Mars, i. d' Jactator.
Martha, i. d' Norfolk.
Nacre, i. d' Norfolk.
Nautilus, i. d' Æmulus.
Œdipe, i. d' Quiclet.
Original, i. d' Dictateur.
E Ortolan, i. d' Franklin.
Pervenche, i. d' Niger.
Sarah, i. d' Héros.
Valdempierre, i. d' Marignan.

VALENCOURT (1). B. — 1,61. — 1877 (approuvé).

Niger	T. N. Phœnomenon	Old-Phœnomenon.	
		Mecklembourgeoise.	
	Miss-Bell	américaine	
Alphérie	Fitz-Pantaloon	Pantaloon	Castrel.
			Idalia par Sir-Peter.
		Rebuff	Camel.
			Sarcasm par Teniers.
	Ida II	William	Tarrare.
			Ida par Whalebone.
		Ida	Basly.
			N. par Impérieux.

Né chez M. Lallouet, à Montigny (Sarthe).

1880 a gagné	15,445 fr.		
—81 —	18,230		37,350 fr.
—82 —	3,675		

Vitesse 1880, Le Pin, 1' 49".
— —81, Caen, 1' 45".
— —82, Vincennes, 1'.45".

Haras de Goustranville : 1883.

Sommes gagnées par ses produits :

1887	24,601 fr.	1891	10,050 fr.
—88	16,830	—92	25,869
—89	59,750	—93	9,705
—90	50,000	—94	24,946

1895 . . . . 40,539 fr.

(1) Valencourt, 1er prix des étalons trotteurs à l'Exposition internationale de 1889.

Alphérie B. 1863, a produit :

1871 Palanquin, ex Paladin, par Inkermann, E. au Pin.
—73 Indépendante, par Trouville (p. s.).
—75 Esméralda par Elu. Esméralda est la grand'mère d'Hallencourt, Ita-Est, Janina, Laurantia, Marignan et Nectar.
—77 Valencourt.
—78 Rosamonde, par Quiclet (mère de Gisèle, par Phaëton).
—79 Beaujeu, par Serpolet B., E. au Pin de 1883-87.

Productions de VALENCOURT :

Actrice, i. d' Noville.
Aspasie, i. d' Noville.
Coralie, i. d' Interprète.
Déesse, i. d' Hippomène.
E Défenseur, i. d' Rivoli.
Diana, i. d' Conquérant.
Directrice, i. d' Noville.
Emigrée, i. d' Conquérant.
Enchanteur, i. d' Noville.
Epave, i. d' Trésorier.
Etoile-Filante, i. d' Conquérant, v. p. 19.
Fanfaron, i. de Audace.
Favori, i. d' Hippomène.
Floride, i. d' Rivoli.
Frivolité, i. d' Noville.
Frontignan, i. d' Conquérant.
Gaillarde (1), i. d' Conquérant.
Gamin, i. d' Hippomène.
E Garçonnet (2), i. d' Noville.
Garde-à-vous, i. d' Hippomène.
E Gaspard (3), i. d' Conquérant.
Gavotte, i. d' Conquérant.
Gazelle, i. d' Noville.
Géa, i. de Dalilah.
E Gengis-Khan, i. d' Normand, v. p. 82.
Gitana, i. d' Hippomène.
E Givet, i. d' Noville.
Glaneuse, i. d' Lavater.
Good-Night, i, d' Conquérant.
Grenade, i. d' Noville.
Habile, i. d' Hippomène.
E Halévy, ex Baltazar, i. d' Noville.
Hamlet, i. d' Rivoli.
Hardie, i. d' Hippomène.
E Haricot (4), i. d' Conquérant.
Harmonie, i. d' Mazeppa.
Hécate, i. d' Hippomène.
Hector, i. d' Noville.
Hélène, i. d' Hippomène.
E Héliotrope (5), i. d' Conquérant.
Herminie, i. d' Rivoli
Hermosa, i. d' Noville.
E Hernani II, i. d' Conquérant.
Helyett, i. d' Hippomène.

---

(1) Gaillarde, B., 1884, par Adonias ou Valencourt, gagnante à 3 ans de 5,550 fr. — R. 1' 40".

(2) Garçonnet, A., 1884, gagnant à 3 ans de 10,736 fr. — R. 1' 41", voir Novilla, p. 151.

(3) Gaspard, B, 1884, par Valencourt ou Phaëton, gagnant à 3 ans de 1,850 fr. — R. 1' 49", E. à Hennebont.

(4) Haricot, B., 1885, gagnant à 3 ans de 3,598 fr. — R. 1' 52", E. à Cluny.

(5) Héliotrope, B., 1885, gagnant à 3 ans de 6,890 fr. — R. 1' 42". Acheté 9,000 fr., E. à Cluny (Héliotrope est le propre frère d'Impétueuse à M. Brion).

Productions de VALENCOURT :

E Hidalgo, i. d' Conquérant, v. p. 36.
E Hoche, i. d' Phaëton.
E Honfleur, i. d' Conquérant.
Ida, i. d' Conquérant, v. p. 36.
Ida (1) i. d' Niger.
Idem, i. d' Noville.
E Ignotus, i. d' Quinte-Curce.
Illusion (2), i. d' Rivoli.
E Impartial, i. d' Noville, v. p. 106.
Impérieux, i. d' Tigris.
Impétueuse (3), i. d' Conquérant.
Indiana, i. d' Rivoli.
Indiscrète, i. d' Hippomène.
Ingénieuse, i. d' Noville.
E Interroi, i. d' Serpolet, B, v. p. 136.
Isabeau, i. d' Phaëton.
Isaure, i. d' Noville.
Ivan, i. d' Phaëton.
Ivry, i. d' Hippomène.
Izard (4), i. d' Rivoli.
E Jagellon, ex Mic-Mac, i. d' Conquérant.
E Jean-de-Nivelle, i. d' Conquérant.
Joliette, i. d' Conquérant, v. p 36.
E Jourdan, i. d' Noville, v. p. 106.
Jouteuse, i. d' Conquérant.
E Julien, i. d' Noville.
Kadine, i. d' Illico.
E Karkow, i. d' Rivoli.
Kersette, i. d' Rivoli.
Ketty, i. d. Rivoli.
Labyrinthe, i. d' Lavater.
La Hardière, i. d' Conquérant.
La Tosca, i. d' Kaolin (p. s.).
Lorgnette, i. d' Irlandais.
Lumineuse, i. d' Tigris.
Mlle de Valognes, i. de Miss-Bird.
E Marvel, i. d' Conquérant.
E Météore, i. d' Séducteur.
E Mylord, i. d' Irlandais.
Nadir, i. d' Tigris.
Namouna, i. d' Hippomène.
Nancy, i. d' Noville, v. p. 106.
E Narrateur, i. d' Noville.
Néréide, i. d' Conquérant.
Nevers, i. d' Normand.
E Nevers, i. d' Reynolds.
Nice, i. d' Tigris.
Noireau (5), i. d' Phaëton.
Nouvelle-Lune, i. d' Normand
Numa, i. d' Hippomène.
Numance, i. d' Qui-Vive.
Nymphe, i. de Fleurette.
E Octave, i. d' Jackson.
Odette, i. d' Conquérant.
Œdipe, i. d' Y.
Oranger, i. d' Shamrock.
Organique, i. d' Tigris.
Othella, i. d' Domino-Noir.
Ouvrier, i. d' Tigris.
Oxford, i. d' Reynolds.
Pantoufle, i. d' Cherbourg.
Pedro, i. d' Tigris.
Pieds-Blancs, i. d' Tigris.
Quickley, i. d' Serviteur.
E Saint-Julien (6), i. d' Noville.
E Saint-Melaine (7), i. d' Normand.
Sarah, i. d' Matchless.
Sot-l'y-Laisse, i. d' Hippomène.
Sylvie, i. d' Danemarck.
Valenciennes, i. d' Kilomètre.

(1) Ida, A., 1886, gagnante à 3, 4, 5 et 6 ans de 9,085 fr. — R. 1'41.
(2) Illusion, B, 1886, gagnante de 9,572 fr. — R. 1' 37".
(3) Impétueuse, A., 1886, gagnante à 3 et 4 ans de 80.044 fr. — R. 1' 36".
(4) Izard, Bb., 1892, issu de Pastille, par Rivoli, gagnant à 3 ans de 21,639 fr. — R. 1' 38".
(5) Noireau, B., 1891, gagnant à 3 et 4 ans de 5,867 fr. — R. 1'41".
(6) Saint-Julien, B., 1884, gagnant à 3 ans de 5,540 fr. — R. 1'42", E. à Lamballe.
(7) Saint-Melaine, B., 1886, gagnant à 3 ans de 2.990 fr. — R. 1'46", E. à Saint-Lô.

VOLTAIRE. B. — 1.58. — 1879. HN.

Corlay	Flyng-Cloud	Norfolk né en Angleterre.	
	Thérésine	Festival.	Nuncio. Bienséance.
		N.	Craven. N. par Lally.
Mina	Bacchus.	Éperon	Sting. The Maid-of-Fez.
		N.	Ramsay.
	N.	Kérim (arabe). . . .	Bagdadli. Amine par Laïsum.

Né chez M. Levrault, à Plouguernével (Côtes-du-Nord).

1882 a gagné. . .	12,250 fr.	22,580 fr.
—83 — . . .	8,730	
—84 — . . .	1,600	

Vitesse 1882, Le Pin, 1'48".
— —83, Lamballe, 1'40".

Acheté à M. Huon. . . . . 10,000 fr.
Lamballe : 1885-90.

SOMMES GAGNÉES PAR SES PRODUITS :

1889	4,605 fr.	1892	9,120 fr.
—90	1,260	—93	2,565
—91	10,325	—94	5,045

Productions de VOLTAIRE :

Belle (1), i. de Margot.
Capitaine, i. de Etoile.
Fidelan, i. d' Bacchus.
Fille-des-Landes (2), i. d' Marin (p. s.).
Finette.
Germain.
Germina, i. de Stella.
Ibil, i. d' Boxeur.
Ista, i. d' Beauvais.
Ivo, i. d' Grosville.
E Izeaux, ex Iota (3), i. de Havanaise.
Jamais, i. d' Chassenon (p. s.).
Janina, i. de Mon-Etoile.
Journalier, i. d' Pactole.
Julie, i. d' Lancastre.
Kaolin, i. d' Agitation.
E Kerbescond (4), i. d' Seymour (p. s.).
Kerflech, i. d' Tyrtée.
Kerhic, i. d' Krestoffski.
Kermesse, i. d' Gouvieux.
E Korrigan, i. de Dolly (p. s.).
La Belle.
Laboureur, i. de Léonie.
Lapin, i. de Turnep.
Lazare, i. d' Corlay.
E Léopard, i. d' Tyrtée.
Léontine, i. de Mon-Etoile.
Lezrec.
Mignonne.
Minette, i. d' Jacques-May.
Miss-Kéruel, i. d' Francy-Boy.
Mylord, i. d' Bamboche.
Ninon, i. d' Trévise.
Orgon, i. d' Jacques-May.
Orpheline.
Valentine, i. d' Norfolk-Héro.
Violette.

(1) Belle, Bb., 1889, gagnante à 4 ans de 2,325 fr. — R. 1' 45".
(2) Fille-des-Landes, G., 1890, gagnante à 3, 4, 5 ans de 6,998 fr. — R. 1' 43".
(3) Izeaux, A., 1886, gagnant à 3 ans de 3,985 fr. — R. 1' 44".
(4) Kerbescond, B., 1888, gagnant à 3 et 4 ans de 13,155 fr. — R. 1" 45".

Y. N. — 1.61. — 1858. HN.

- T. N. Phœnomenon
  - Old-Phœnomenon, trotteur anglais du Norfolk.
  - Jument du Mecklembourg.
- Henriette. . . . .
  - Invincible (1). . . .
    - Hœmus. . . . . .
      - Sultan.
      - Bess par Vaxy.
    - Regatta . . . . . .
      - Camel.
      - Boddicéa.
  - Hunter-Mare . . . .
    - Huntermann, anglais.

Né chez le Marquis de Croix, à Serquigny (Eure).

1861 a gagné. . . . . . . 1,200 fr.

Vitesse 1861, Caen, 2' 08".

Acheté au Marquis de Croix.

Le Pin : 1862-63.

M. Castillon : 1864.

Marquis de Croix : 1865-71.

Sommes gagnées par ses produits :

1869	7,100 fr.	1872	7,600 fr.
—70	2,400	—73	4,200
—71	2,450	—74	

1875. . . . . 3,760.

(1) Invincible pur sang anglais, 1839. — Père d'Hector, Impétueuse et de Galathée.

Productions d' Y :

Délurée, i. d' Y. Quick-Silver.
Frisquette, i. d' Franck-Waret.
Guirlande, i. d' Thésée.
Hersilie (1).
Jeannette.
Juliette, ex Qui-Vive, i. de Norma.
Lactée.
E Lambris, i. de Fiamina (app.).
E Lavater, i. de Candelaria, v. p. 120.
Mlle Désirée.
Marinade (2), i. de Hermanfrieda.
Nihil (3), i. de Chardine.
Nisquette.
Odette, i. de The Nemrod.
Oratoire, i. de Milady.
Ordonnance, i. d' Condé.
Organique.
Picotin, i. d' Matchless.
Préférence (4), i. d' Bassompierre.
Qui-Vive, i. de Norma.
Tardive, i. d' Black-Jack.
Tempête, i. d' Séducteur ou Cyclope.
Vilna, i. de Victoire, v. p. 55.
Y, i. de Train-de-Poste.

---

(1) Hersilie, Bb., 1863, gagnante de nombreuses courses au trot est par You Matchless.
(2) Marinade, Bb., 1868, gagnante à 3, 4 et 5 ans de 5,700 fr. — R. 1' 52".
(3) Nihil est par Y., Crocus ou Ipsilanty.
(4) Préférence, mère de l'étalon Attila (par Normand) et de la poulinière Emeraude (par Normand).

PHŒNOMENON

Plusieurs étalons anglais du nom de **PHŒNOMENON** ont été importés en France où ils ont laissé une nombreuse descendance, remarquable par ses aptitudes trotteuses. — Les noms de ces Phœnomenon étaient précédés de Old, Young, The Norfolk, etc. ; dans la pratique, par abréviation, on a négligé le qualificatif, il en résulte une certaine confusion. — D'autre part, l'accord n'est pas parfait sur l'origine du principal Phœnomenon, celui qui a fait la monte au Pin, de 1851 à 1872 ; aussi, est-il intéressant de donner le pedigree des Phœnomenon, d'après les livres généalogiques qui traitent des origines du demi-sang.

Stud-Book de l'Administration des Haras :

The Norfolk-Phœnomenon, N, 1845 par Old-Phœnomenon.
Le Pin : 1851-72.

Y. Phœnomenon, B., 1857, par Phœnomenon.
Saint-Lô : 1864-70. Pau : 1871.

Y. Phœnomenon, Bb., 1857, par Wildfire.
Le Pin : 1862-63.

Phœnomenon, A., 1875 (sans origine).
Le Pin : 1882-90.

Stud-Book de M. Eug. Hornez, inspecteur-général des Haras :

Y. Phœnomenon, B., 1852, par Phœnomenon.

Y. Phœnomenon, Bb., 1857, par Wildfire.

Phœnomenon, Ab., 1875.

The Norfolk-Phœnomenon, N., 1845, par Old-Phœnomenon.

Recueil généalogique de M. de Cormette, directeur-général des Haras (1869) :

The Norfolk-Phœnomenon, N., 1845, par Norfolk-Cob et une fille de Prétender. — T. N. Phœnomenon compte dans son ascendance Eclipse et Godolphin arabian.

Recueil généalogique de M. du Hays (1864) :

Phœnomenon, anglais du Norfolk, vers 1840, par The Norfolk-Lob et jument du Mecklembourg.

CLASSIFICATION

PAR GRANDES FAMILLES

DES PRINCIPAUX ÉTALONS TROTTEURS RELATÉS DANS CETTE ÉTUDE

Le grand ancêtre de notre race trotteuse française est sans conteste Y. Rattler. Ce merveilleux étalon de demi-sang eut une action aussi bienfaisante que décisive sur la production normande.

Y. RATTLER fit la monte en Normandie de 1820 à 1834 et sa descendance fut si nombreuse que son nom se retrouve presque toujours dans les généalogies des étalons de tête; son petit-fils Voltaire procréa Kapirat, étalon exceptionnel, dont les fils, Conquérant et Kapirat II, ont fait la fortune de la Normandie et de la Vendée.

CONQUÉRANT (1858) fut un reproducteur de mérite supérieur, et il a doté la France d'un si grand nombre de trotteurs marquants qu'une place d'honneur lui revient dans cette étude, et qu'il doit être considéré comme un des plus illustres chefs de famille de la race trotteuse française.

NORMAND (1869) compte par deux fois dans son origine, le précieux sang de Y. Rattler; du côté paternel, par Divus, descendant de Québec, par Ganymède, fils d'Impérieux, qui était lui-même un rejeton direct de Y. Rattler: du côté maternel par Kapirat son aïeul, qui est un rameau de la vieille souche Y. Rattler. Il eût été plus logique de comprendre Conquérant et Normand sous la dénomination de famille Y. Rattler; mais ces deux étalons, qui sont nés en France, ont procréé des trotteurs d'un si grand ordre que l'un et l'autre ont des droits à donner leurs noms à leur descendance respective. Normand compte parmi ses fils l'un des plus illustres étalons français, le célèbre Cherbourg qui, par sa merveilleuse production, réhabilite la mémoire de son père et fait justice des craintes par trop exagérées qui avaient été prématurément émises sur le tempérament et les vices respiratoires du célèbre Normand.

LAVATER, dont la paternité est disputée par Y. et Crocus, pourrait être rattaché à la famille anglaise; mais son sang, allié aux filles de The Heir-of-Linne, a donné de si remarquables productions qu'il est juste de lui accorder ses lettres de grande naturalisation et de laisser son nom à sa descendance.

CLASSIFICATION PAR GRANDES FAMILLES

THE HEIR-OF-LINNE, étalon de pur sang anglais hors de pair, dont l'action directe a eu une influence si bienfaisante sur la pléiade de nos trotteurs, a été brillamment représenté par les Orphée, Pactole, Phaëton, J'y-Songerai et Modestie, la mère de Tigris.

Phaëton, le plus glorieux rameau de cette illustre souche, s'est affirmé comme un des plus remarquables reproducteurs qui aient encore existé. Parmi ses produits mâles les plus marquants on doit citer : Harley, James-Watt, Kachemyr, Napoléon, Galba et Levraut. — Les meilleures de ses filles sont : Aiglonne (1' 38"), Diva (1' 40"), Dulcinée, mère de la célèbre Messagère, Ellora (1' 35"), Escapade, mère de la non moins célèbre Osmonde (par Fuschia), Etincelle (1' 39"), Finlande (1' 37"), Flore (1' 37"), Gérance (1' 41"), Javotte (1' 40"), Kyrielle (1' 38"), Lydia (1' 35"), Mandragore (1' 37"), Néva (1' 37"), Nitouche (1' 39"), Tricoteuse (1' 36"), etc.

GROUPE DE PUR SANG. — L'étalon de croisement par excellence, The Heir-of-Linne, ayant été considéré comme chef de famille, il ne reste plus à classer que deux étalons qui ont produit des trotteurs : Affidavit, le père du vaillant Qui-Vive (1872) et Bagdad, le père d'Hippomène.

FAMILLE ANGLAISE. — The Norfolk-Phœnomenon est le cheval de demi-sang anglais qui compte le plus d'alliances dans les bonnes familles de trotteurs ; il est surtout représenté par la descendance féminine de Niger dont le sang s'est merveilleusement laissé imprimer par Cherbourg et Fuschia.

Fyng-Cloud, étalon du Norfolk, a bien réussi en Bretagne.

Il ne faut pas oublier que les Performer (1834), Coleraine (1843), Telegraph (1844), Corsair (1845), Crocus (1857), Ambition (1865), ont puissamment contribué au développement de l'action trotteuse de notre race de demi-sang. Théoriquement parlant, ces étalons léguaient à leur descendance « le coup de piston », et l'endurance était produite par des « générateurs » de pur sang.

FAMILLE AMÉRICAINE. — Malgré les libéralités des grands seigneurs qui ont introduit en France les Æmulus, Franck-Allisson, Milton, Cash et bien d'autres, ce sang américain ne s'est jamais bien allié, par les étalons, à la race française. En revanche, Lady-Pierce et Miss-Bell ont donné d'excellents produits. Dans les pedigree des Uriel, des Reynolds et par conséquent dans celui de Fuschia et de toute sa descendance, figure le nom de Lady-Pierce.

Quant à Miss-Bell, dont la provenance américaine n'a jamais été bien établie, on trouve son sang dans l'excellente pléiade d'étalons issus de Niger et de ses nombreuses filles.

FAMILLE RUSSE. — Les étalons russes n'ont pas joué un rôle important dans la formation de notre race trotteuse française. Marx a mal produit, Polkantchick, malgré sa grande qualité en course et la légitime confiance qui lui a été accordée au début de sa carrière d'étalon, n'a pas répondu à l'attente des éleveurs normands qui lui avaient livré des juments de bonne origine. Krestoffski, Orloff, Gorune et tant d'autres sont restés dans une obscurité relative. Les services du brave et excellent Kosyr n'ont pas été utilisés pendant son court séjour au Haras et ses rares produits ne semblent pas disposés à s'illustrer sur nos hippodromes.

Famille de **CONQUÉRANT**.

Descendance directe :

Kilomètre (1886), i. d' T. N. Phenomenon.
Quinola (1872), i. d' Schamyl (p. s.).
Reynolds (1873), i. d' Succès.
Rivoli (1873), i. d' Coleraine.
Serpolet-Rouan (1874), i. d' Confidence.
Uriel (1876), i. d' Succès.
Dictateur (1878), i. d' Usbékyeh.
Beaugé (1879), i. d' Ambition.

Lignée de **Kilomètre** :

Upas, i. de Pantomine (p. s.).

Lignée de **Quinola** :

Arcole, i. d' Ipsilanty.

Lignée de **Reynolds** :

Fuschia, i. d' Lavater.

Lignée de **Serpolet-Rouan** :

César, i. d' Libérator.
Jeune-Toujours, i. d' Plutus (p. s.).

Lignée d'**Uriel** :

Galant I, i. d' Faust (p. s.).
Galant II, i. d' Faust (p. s.).

Lignée de **Beaugé** :

Ilote, i. d' Phaëton.
Jaguar, i. d' Phaëton.

Descendance de **Fuschia** :

Mahomet, i. d' Niger.
Mars, i. d' Albrant.
Moonlighter, i. d' Pompier (p. s.).
Hérode, i. d' Niger.
Hetmann, i. d' Phaëton.
Nangis, i. d' Abrantès.
Narquois, i. d' Niger.
Neuilly, i. d' Beaugé.
Novice, i. d' Niger.
Oran, i. d' Serpolet B.
Othon, i. d' Héliotrope.

Famille de **NORMAND.**

Descendance directe :

Serpolet-Bai (1874), i. d' Dorus.
Serviteur (1874), i. d' Bayard.
Ulrich (1876), i. d' jument anglaise.
Valdempierre (1877), i. d' Conquérant.
Albrant (1878), i. d'Abrantès ou Noteur.
Cherbourg (1880), i. d' Extase.
Colporteur (1880), i. d' Conquérant.
Hardy (1880), i. d' Ouvrier.
Daguet (1881), i. d' Hick.
Echo (1882), i. d' Y.
Fred-Archer (1883), i. d' Noville.

Lignée de **Serpolet-Bai** :

Edimbourg, i. d' Abrantès.
Elan, i. d' Condé.

Lignée de **Valdempierre** :

Glaneur, i. d' T. N. Phœnomenon.

Lignée d'**Albrant** :

Imprévu, i. d' Urville.

Lignée de **Cherbourg** :

International, i. d' Marx.
Juvigny, i. d' Niger.
Jolibois, i. d' Niger.
Kaboul, i. d' Rivoli.
Kilomètre, i. d' Vermouth (p. s.).
Marcelet, i. d' Phaëton.
Malaga, i. d' Conquérant.
Nabucho, i. d' Phaëton.

Descendance d'**Edimbourg** :

Michigan, i. d' Beaugé.

Famille de **LAVATER**.

Descendance directe :

Sobriquet (1874), i. d' Ipsilanty.
Tigris (1875), i. d' The Heir-of-Linne (p. s.).
Alcala (1878), i. d' The Heir-of-Linne (p. s.).
Apis (1878), i. d' Agenda.
Coq-à-l'Ane (1880), i. d' The Heir-of-Linne (p. s.).
Domino-Noir (1881), i. de Pastourelle (p. s.).
Étendard (1882), i. d' The Heir-of-Linne (p. s.).
Ibis (1886), i. d' Normand.
Jaguar III (1887), i. d' Ministère (p. s.).

Lignée de **Tigris** :

Cicéron II, i. d' Centaure.
Don-Quichotte, i. d' Matchless II.
Espoir, i. d' Normand.
Fontenay, i. d' Rénemesnil.
Hercule-Normand, i. d' Normand.
Homard, i. d' Normand.
Qui-Vive ! i. d' Phaëton.
Kalmia, i. d' Normand.
Kossuth, i. d' Normand.
Loriot, i. d' Normand.

Lignée d'**Étendard** :

L'Estafette, i. d' Acquila.

Famille de **THE HEIR-OF-LINNE.**

Descendance directe :

J'y-Songerai (1865), i. d' Vautour.
Orphée (1870), i. d' Ugolin
Pactole (1871), i. d' Giboyer.
Phaëton (1871), i. d' Crocus.

Lignée de **Phaëton** :

Flibustier, i. d' Parthénon.
Galba, i. d' Gall.
Harley, i. d' Normand.
Hernani, i. d' Lucain.
Ilot, i. d' Normand.
James Watt, i. d' Vichnou (p. s.).
Kachemir, i. d' Normand.
Levraut, i. d' Gall.
Napoléon, i. d' Serpolet B.

Descendance de **Galba** :

Lance-à-Mort, i. d' Qui-Vive !

Descendance de **Flibustier** :

Képi, i. d' Kilomètre.

GROUPE DE PUR SANG.

Descendance d'**Affidavit** :

Qui-Vive ! (1872), i d' Esculape.

Descendance de **Bagdad** :

Hippomène (1876), i. d' Mogador.

Lignée d'**Hippomène** :

Aramis, i. d' Conquérant.
Content, i. d' Rivoli.

Famille **ANGLAISE.**

Ascendants :

THE NORFOLK-PHŒNOMENON.
FLYNG-CLOUD.

Descendance de **THE NORFOLK-PHŒNOMENON** :

Y. (1858), i. d' Invincible (p. s.).
Ipsilanty (1864), i. d' Sylvio (p. s.).
Niger (1869), i. de Miss-Bell.

Lignée d'**Ipsilanty** :

Noville, i. d' Turck.

Descendance de **Noville** :

Bégonia, i. d' Conquérant.

Lignée de **Niger** :

Valencourt, i. d' Fitz-Pantaloon (p. s).
Acquila, i. d' Centaure.
Fier-à-Bras, i. d' Normand.

Descendance de **Valencourt** :

Jourdan, i. d' Noville.

Descendance de **FLYNG-CLOUD** :

Corlay (1872), i. d' Festival (p. s.).

Lignée de **Corlay** :

Voltaire, i. d' Bacchus.

Famille **AMÉRICAINE.**

Descendance directe :

Æmulus (1871), par Mambrino-Pilot et Black-Bess.
Milton (1879), par Smuggler et Lizzie.

Famille **RUSSE.**

Descendance directe :

Polkantchick (1871), par Dujak et Zabara.
Kozyr (1877), par Warwar et Kokelka.

ÉLISA

ET SA

DESCENDANCE

ÉLISA

La mère de Conquérant, dont le merveilleux sang se retrouve dans presque tous nos étalons de tête, a droit à une étude toute spéciale dans ce livre généalogique ; aussi avons-nous pensé à reconstituer la liste de ses productions.

Cette excellente jument a eu une nombreuse descendance ; mais en général ses filles ont été peu fécondes, à part Scolopendre, Polypode, Jeune-Élisa, Surprise et Olivette. Il est probable que plusieurs d'entre elles ont donné des produits qui ne figurent pas dans notre relevé. Pour quelques-unes, les propriétaires ont disparu ; pour d'autres, ils ont perdu le souvenir de faits déjà fort lointains. Il y a aussi la catégorie des indifférents qui considèrent ces recherches comme de médiocre importance et qui ne répondent pas aux demandes les plus pressantes.

Mais il est juste de témoigner toute notre reconnaissance à M. Chambry, le distingué directeur de Saint-Lô, qui, avec sa bienveillance habituelle, nous a communiqué ses notes personnelles sur les filles et petites-filles de la célèbre jument qui a eu la gloire de produire Conquérant et la mère de Phaëton.

ÉLISA ET SA DESCENDANCE

ÉLISA. A. — 1853. — Née à Saint-Côme-du-Mont (Manche).

Corsair. 1845.	Knox's-Corsair, 1/2 s. ang.		
	N. de Cleveland, 1/2 s. ang.		
Élise	Marcellus 1819.	Selim	Buzzard.
			Alexander-Mare.
		Briséis	Beninghorough.
			Lady-Jane.
	La Panachée	D. I. O.	Whitworth.
			Hambletonian-Mare.
		La Belle-Matador	Matador 1/2 s. N.
			N. par Sommerset 1/2 s. A

A couru en 1856 à Falaise, au Pin, à la Mauffe et à Avranches. Gagnante de 4,300 fr.

Productions :

1857 **GOLDEN**, par Junior.
1858 **CONQUÉRANT**, ex Mazeppa, v. p. 38.
1859 **ÉLISE**, par Kapirat. — M. Lafosse. — M. le Duc de Vicence.

A produit :

Adèle, par Succès, mère de Clairvoyante (1), par J'y-Songerai (N° 3734 au S.-B.).

- 1869 Druidesse, par Agenda, à MM. Courboy, Brohier et Catherine. a produit :
  - 1875 La Douve, par Lavater, a produit :
    - 1885 Mary-Jane, par Reynolds.
    - —92 Oseille, id.
    - —93 Philéas, id.
    - —94 Quillota, id.
    - —95 Romance, id.
  - 1881 Dollar, par Lavater, E. à Saint-Lô (N° 403 au S.-B.).
- 1870 Corsaire, par Agenda. E. au Pin, de 1873 à 1878 (N° 2272 au S.-B.).

1860 **ESCAMOTEUR**, ex Ephratis, par Kapirat, mis en service.
1861 **LISBETH**, par Kapirat (sans renseignements). Remonte.

(1) Il y a des erreurs au Stud-Book relativement à l'origine d'Adèle.

1862. **SCOLOPENDRE**, par Succès. — M. Lafosse. — M. A. Lécuyer.

A produit :

- 1869 Orientale, par Quaker (p. s.).
  - 1876 Ussier ex Uzel, par Orphée, E. au Pin.
  - 1881 Juana, par Lavater (N° 4555).
    - 1885 Hexamètre ex Harcourt, par Sir-Quid-Pigtail (p. s.) ou Gédéon (p. s. a. a.), E. à St-Lô (N° 893).
    - 1886 Dame de Trèfle, par Beaujeu.
    - —88 Kali, par Phaëton, E. à St-Lô.
    - —91 Némo, par Cherbourg.
    - —92 Olympia, par Cherbourg.
- 1872 Mandarine par The Heir-of-Linne (p.s.). (N 4997).
  - 1880 Levantine, par Lavater.
    - 1891 Nisquette, par Colporteur.
    - —92 Oubliette, par Harley.
    - —93 Pincette, par Harley.
    - —94 Querelle, par Levraut.
    - —95 Risque-Tout, par Levraut.
  - 1883 Fresnel, par Lavater, HN., Rosières.
    - 1893 Pie-Voleuse, par Reynolds.
    - —94 Quinconce, par Harley.
    - —95 Roupie, par Harley.
  - 1885 Hugo, par Colporteur, HN.
  - 1886 Revanche, par Lavater.
    - 1892 Obole, par Harley, v. p. 87.
    - —93 Paysanne, par Harley.
    - —95 Richepance, par Lance-à-Mort.
  - 1890 Mandarin, par Reynolds, HN. Saintes.
  - —91 Nakaïra, par Reynolds.
  - —92 Omer-Pacha, par Reynolds, HN.

1863 **OSMONDE**, par Succès. — MM. Montfort et Thiercelin. — A gagné quelques courses (Belgique).

1864 **LYCOPODE**, par Kapirat, gagnante à 3 et 4 ans de 6,600 fr. — M. Lafosse, M. le Duc de Vicence.

1865 **N., par KAPIRAT**, M. le Marquis de Cornulier. — Remonte.

1866 **LA CROCUS**, par Crocus. — M. J. Lécuyer.

A produit :

1871 Phaëton, par The Heir-of-Linne (p. s.), v. p. 159.
— N., par Qui-Vive ou Pretty-Boy
— N., par Noirmont . . . .
— N., par Domino Noir . . . . . .
} Ces trois produits étaient médiocres.

ÉLISA ET SA DESCENDANCE

1867 **ONDINE,** par Succès. — M. Revel.

A produit :

1873 Rameur, par J'y-Songerai.
—78 Alerion, par Noville, E. approuvé, a fait la monte dans la Manche.

1868 **FOUGÈRE,** par Succès. — M. Allix Courboy.

A produit :

1868 N., par Invariable.

1869 **POLYPODE,** par Great Master. — M. Touzard.

A produit :

1874 N., par Norimont, mise en service.
—75 Timoléon, par Lavater.
—78 Niniche, par Lavater.

1870 **JEUNE ÉLISA,** par Kapirat. — M. Lemonnier.

A produit :

1880 Jason, par Phaëton, gagnant à 3 et 4 ans de 8,775 fr. — R. 1' 44", E. à Saint-Lô.
1881 Young-Kapirat, par Phaëton, E. au Pin.
1882 Lycopode, par Phaëton.
- 1887 Qu'y-met-t'on, par Edimbourg, E. au Pin.
- —89 Scapin, par Cherbourg.
- —90 Tubéreuse, par Edimbourg.
- —91 Hoche, par Valencourt.
- —92 Ivan, par Valencourt.

1883 Montjoie, par Phaëton.
1887 Quarantaine, par Cherbourg. G. 16,140 fr. — R. 1' 39".
- 1893 Jackson, par Qui-Vive !
- —94 Kamiesch, par Qui-Vive !

1888 Reine-des-Prés, par Edimbourg.
—89 Léandre ex Sot-l'y-Laisse, par Edimbourg, E. à Saint-Lô.
—90 Tontine, par Edimbourg.
—91 Hidalgo, par Edimbourg.

1871 **N.,** morte au lait.

1872 **Heir-of-Linne,** par The Heir-of-Linne (p. s.), gagnante à 3 ans de 2,500 fr. — R. 1' 46".

A produit :

1877 Perce-Neige, par Lavater, gagnante à 4 ans de 6,150 fr. — R. 1' 49".
—79 Babolin, par Lavater.
—82 Eole, par Lavater, E. approuvé.

1873 **Vide.**

ÉLISA ET SA DESCENDANCE

1874 **SURPRISE**, par J'y-Songerai. — M. Lafosse, M. Gillain fils.

A produit :

1879 Hirondelle, par Lavater, gagnante à 3 et 4 ans de 4725 fr. — R. 1' 43''

1886 Iris, par Lavater. (N° 4452).
- 1189 N . p. . . par Geranium.
- —91 Nic-Nac, par Reynolds.
- —92 Ogive, par Fontenay.
- —93 Pirouette, par Reynolds.
- —94 N. . . . . par Levraut.
- —95 N. . . . . par Levraut.

1889 Live, par Fontenay, E. à Saint-Lô.

—91 Elisa, par Fontenay,
- 1895 N. Pouliche par Harley.

—93 Précieuse, par Harley.

—95 Rustaud, par Malaga.

1875 **Vide.**

—76 **UTIQUE**, par Orphée, E. approuvé, a fait la monte dans la Manche.

—77 **Vide.**

—78 **Auguste**, par Orphée, E. approuvé (N° 97 du S.-B.).

—79 **Olivette**, par Orphée (N° 5329), à Mlle Briquebec.

A produit :

1884 Gagne-Petit, par Upas.

—85 Olive, par Upas.
- 1889 Hative, par Ray-Grass.
- —90 Maeron, —
- —93 Pastourelle, par Fred-Archer.
- —95 N., par Lance-à-Mort.

—88 Olga, par Domino Noir.
- 1892 Orphée, par Fontenay.
- —92 Parnell, par Fred-Archer.
- —94 Quand-Même, par Fred-Archer.
- —95 Revanche, par Marcelet.

—89 N., par Domino Noir.

—90 Zinah, par Domino Noir.
- —95 N. Mâle, par Malaga.

1880 **Vide et Morte**, la même année.

Dans un travail aussi considérable, des erreurs ont pu être commises; aussi nous accepterons avec plaisir les rectifications qui nous seront adressées.

Nous serions très heureux de recevoir des renseignements sur les filles et petites-filles de : Miss-Bell, Miss-Pierce, Modestie, etc., et en général sur toutes les poulinières qui ne figurent pas au Stud-Book publié par l'Administration des Haras.

COURSES AU TROT

ÉTAT DES ÉTALONS DONT LES PRODUITS ONT GAGNÉ PLUS DE **20.000** fr.

1873	1874	1875	1876	1877
Conquérant . . . . . 46,270 fr.	The Heir-of-Linne 50,800 fr.	The Heir-of-Linne 40,805 fr.	Conquérant 37,750 fr.	Conquérant 42,595 fr.
T. N. Phœnomenon 17,750	Conquérant. . . . 35,420	Conquérant. . . . 27,212	J'y-Songerai 15,300	Normand. . 24.616
The Heir-of-Linne . 11,100	. . . .	J'y-Songerai . . . 13,415	. . . .	J'y-Songerai 22,425
. . . .	. . . .	. . . .	. . . .	Pretty-Boy. 12,650
. . . .	. . . .	. . . .	. . . .	. . . .

ÉTAT DES ÉTALONS DONT LES PRODUITS ONT GAGNÉ PLUS DE **10,000** fr.

1878	1879	1880	1881	1882
Conquérant. . . . . 56,612 fr.	Conquérant . . . 53,340 fr.	Normand . . . . . 45,263 fr.	Lavater. . . 51,250 fr.	Conquérant. 65,630 fr.
Normand 25,040	Niger 40,560	Conquérant. . . . 45,880	Normand . . 50,800	Normand . . 39,865
Kilomètre. 23,790	Kilomètre 30,732	Kilomètre. 38,750	Niger 47,230	Noville . . . 32,100
. . . .	Noville 23,060	Niger 31,580	Kilomètre. . 24,125	Lavater . . . 28,540
. . . .	. . . .	. . . .	Conquérant. 21,400	Niger 28,110
. . . .	. . . .	. . . .	. . . .	Phaëton . . 20,810 fr.

ÉTAT DES ÉTALONS DONT LES PRODUITS ONT GAGNÉ PLUS DE **25.000** fr.

1883		1884		1885		1886		1887	
Normand	96,136 fr.	Lavater	73,406 fr.	Serpolet B.	67,104 fr.	Phaëton	148,348 fr.	Phaëton	104.096 fr.
Lavater	39,639	Phaëton	40,195	Phaëton	64.565	Lavater	47,675	Tigris	70,505
Conquérant	39,060	Serpolet B	35,680	Lavater	38,327	Tigris	41,805	Uriel	35.310
Noville	31,276	Tigris	30,612	Serpolet R	34,480	Normand	34.718	Serviteur	29,466
		Serpolet R	28,366	Tigris	29,462	Serpolet B.	34,401	Hippomène	29.427
		Conquérant	27,170	Normand	28,390	Serviteur	32,525	Ulrich	26,485
				Polkantchick	26,363				

1888		1889		1890		1891		1892	
Phaëton	92,350 fr.	Phaëton	111,762 fr.	Tigris	131,446 fr.	Tigris	148,300 fr.	Tigris	213,320 fr.
Tigris	87,935	Tigris	98,007	Beaugé	108,627	Phaëton	111,846	Phaëton	88,272
Reynolds	63,085	Rivoli	69,115	Phaëton	108,344	Cherbourg	95,075	Cherbourg	82,332
Beaugé	31,000	Valencourt	59,762	Cherbourg	64,300	Beaugé	68,226	Etendard	72,020
Serviteur	28,530	Beaugé	47,400	Reynolds	50,000	Serpolet R.	37,709	Galba	51,861
Lavater	27,761	Lavater	39,910	Valencourt	50,000	Elan	34,602	Edimbourg	48,840
Polkantchick	26,690	Reynolds	31,586	Lavater	43,659	Lavater	28,081	Beaugé	46,593
				Serpolet R	33,408			Flibustier	30,992
				Conquérant	27,907			César	27,491
				Edimbourg	25,630			Valencourt	25,869

ÉTAT DES ÉTALONS DONT LES PRODUITS ONT GAGNÉ PLUS DE **25,000** fr.

1893		1894		1895	
Fuschia	185,186 fr.	Fuschia	278,150 fr.	Fuschia	296,083 fr.
Cherbourg	118,495	Cherbourg	102,024	Phaëton	114,952
Tigris	110,199	Phaëton	94,957	Harley	96,983
Edimbourg	78,117	Tigris	51,350	Tigris	61,687
Phaëton	72,725	Fontenay	43,685	Cherbourg	56,170
Etendard	54,895	Edimbourg	32,995	Valencourt	40,539
Cicéron II	48,189	Reynolds	26,396	Fontenay	40,299
Fontenay	44,765				
Serpolet-Rouan	37,801				
Reynolds	28,785				
Echo	26,443				

Liste Alphabétique

DES

ÉTALONS, POULINIÈRES & PRODUITS

AYANT UNE NOTE SPÉCIALE DANS L'OUVRAGE

TABLE GÉNÉRALE

DIJON. — IMPRIMERIE DARANTIERE

SPES · IN · LABORE
DARANTIERE

www.ingramcontent.com/pod-product-compliance
Lightning Source LLC
Chambersburg PA
CBHW070550200326
41519CB00012B/2175

9782019206000